在实践中　引发思考　在思考中　洞察风险

基于风险为核心的安全文化建设实践

中国石油天然气集团公司安全环保与节能部　编著

石油工业出版社

图书在版编目（CIP）数据

基于风险为核心的安全文化建设实践 / 中国石油天然气集团公司安全环保与节能部编著. —北京：石油工业出版社，2016.2

ISBN 978-7-5183-1107-1

Ⅰ. 基…

Ⅱ. 中…

Ⅲ. 石油企业 – 企业环境管理 – 风险管理 – 研究 – 中国

Ⅳ. ① X322.202 ② F426.22

中国版本图书馆 CIP 数据核字（2016）第 004735 号

出版发行：石油工业出版社

（北京安定门外安华里 2 区 1 号　100011）

网　址：www.petropub.com

编辑部：（010）64523550　　图书营销中心：（010）64523633

经　　销：全国新华书店

印　　刷：北京中石油彩色印刷有限责任公司

2016 年 2 月第 1 版　2016 年 2 月第 1 次印刷

710 × 1000 毫米　开本：1/16　印张：15.25

字数：230 千字

定价：48.00 元

（如出现印装质量问题，我社图书营销中心负责调换）

《基于风险为核心的安全文化建设实践》

编　写　组

主　　编：张凤山

副 主 编：吴苏江　邹　敏　黄　飞　周爱国

张　戈　王学文　邱少林　郭喜林

刘景凯

执行主编：郭立杰

编写人员：卢明霞　张广智　杨光胜　饶一山

傅　岩　齐俊良　岳留强　李　勇

王　戎　胡月亭　孙德坤　李建强

史　方　王其华　杨　波　王嘉麟

裴玉起　李兴春　张建明　杜　民

王　驰　吴东平

序

认真梳理中国石油天然气集团公司（以下简称集团公司）“十二五”以来的安全环保事故情况，整体保持了总体稳定、形势可控和稳定好转的基本态势，但要适应当前全国安全环保监管趋严趋紧的大环境，从根本上提升安全环保监管水平，还需要从安全文化角度进行深入推动。

安全是相对的，风险是永存的。安全生产，风险为本。从本质上看，HSE管理实质就是不断循环往复地辨识风险、评价风险与控制风险的过程。一个企业有没有风险管理的意识和机制，也是衡量一个企业是否成熟、能够可持续发展的重要标准。正是从这个意义上说，从基于风险为核心的安全文化入手，转变以往“大规模运动式”、“亡羊补牢式”的被动管理为规范化、经常化、积极主动的管理，就成为下一阶段的一种必然选择。

发现不了问题是最大的问题，意识不到风险是最大的风险。在集团公司层面组织各级安全环保管理者结合各自业务领域主动识别风险、分析风险的初衷就是要引领和塑造这样一种安全预警文化，使各企业都能努力做到在布置生产任务的同时同步落实风险识别，在检查生产现场的同时检查风险防范措施是否到位，在项目总结评比的同时考虑风险评价是否全面，这样以最小的风险成本获取最大的安全保障，在全系统形成“有生产就有风险，防风险就是保安全”的良好氛围。

当然，总部与企业关注的风险领域肯定会有差异。下一阶段，就是要分系统、分层次明确各领域、各类型不同级别的风险概况，制定控制风险和消除风险的措施，并按照“逐级负责、专业负责、分工负责、岗位负责”的要求，明确集团公司、企业、分厂、车间、岗位等不同层级的安全风险，把风险责任和风险措施落到各层级、各专业、各工种、各岗位，建立各级安全风险防控一览表，使全系统职工都能做到“知风险、防风险、化风险和控风险”。在这方面，大庆油田一直大力推广的员工自己“写风险”活动已经进行了很好的探索和尝试。

在这一预警文化体系建设过程中，特别希望各层级的安全环保管理者能够广泛参与，牢固树立“管理的共同目标是风险和隐患”的理念，一个领域一个领域地排查，一个环节一个环节地梳理，一个项目一个项目地分析，养成定期对安全环保风险进行深入思考分析的良好习惯。通过人人查找风险、人人制定措施，使以往的监督对象从被动变为主动、由客体转为主体，使安全风险防范真正成为促进干部员工职责履行到位的重要抓手，这才是企业实现安全环保长治久安的最可靠的基础和保证，也是本书希望传递出的一个直接和重要的信号。

中国石油天然气集团公司安全副总监 [signature]

目录 CONTENTS

第一篇　体系建设

第二篇　风险管控

第三篇 重点监管

附录　新“两法”实施后配套法律法规解读

第一篇　体系建设

作为国际石油天然气工业通用的健康安全环保（HSE）管理体系，HSE被看作是企业实现现代化管理、走向国际市场、参与竞争的准入证。我们如何结合实际，不断健全完善HSE制度、改进HSE培训、提升HSE绩效？如何做到管理有程序，执行有标准，操作有规程，从而实现安全生产的长治久安？

如何突出风险管控使制度体系更具符合性与合规性

HSE管理体系是国际石油天然气工业通行的一种科学、先进、系统的健康安全环境管理模式，是现代企业管理的重要内容，是加快推进HSE工作长效机制建设的有效抓手，其核心思想是通过系统化的闭环管理来实现HSE风险管控的目标。

突出风险管控，准确把握深化体系建设的关键点与着力点

——对HSE管理体系建设问题的分析与建议

邱少林

扎实做好推进HSE管理体系建设工作，是中国石油天然气集团公司（以下简称集团公司）全面贯彻落实科学发展观、履行国有骨干企业三大责任、创建和谐社会的重要举措和具体体现，也是集团公司实现安全发展、清洁发展、可持续发展的重要保障。只有紧密围绕风险管控的核心，不断总结推进体系建设的经验，突出问题导向和原因分析，才能准确把握住深化体系建设的关键点和着力点，持续推动HSE管理体系健康有效运行，为集团公司建设具有国际竞争力的综合性国际能源公司提供根本保证。

一、当前HSE管理体系建设存在的主要问题

HSE管理体系是国际石油天然气工业通行的一种科学、先进、系统的健康安全环境管理模式，是现代企业管理的重要内容，是加快推进HSE工作长效机制建设的有效抓手，其核心思想是通过系统化的闭环管理来实现HSE风险管控的目标。通过多年推进HSE管理体系建设的实践可以发现，目前在体系建设中仍然存在着不少问题和薄弱环节，突出表现在以下四个方面：

一是在思想意识上，“安全是企业核心价值”的理念在实际工作中未能真正

体现。一些管理人员对“安全是企业核心价值”的理念在认识上还存在差异，有感领导、直线责任、属地管理等先进理念虽然得到了广泛认同，但还停留在口头上，缺乏制度保障、实施载体和对HSE管理始终如一的重视和支持。“安全是企业核心价值”的理念未能在实际生产经营管理工作中得到有效落实。

二是在责任落实上，表现出体系建设仍然是少数人的事情。一些企业的HSE管理仍然是少数人在做，HSE工作仅仅是由HSE部门的管理人员去执行和落实，体系建设工作仍以专职HSE人员为主，实施HSE管理的依赖思想依然严重，相关职能部门没有全面履行业务范围内的HSE管理职责，“HSE管理人人有责”的工作氛围仍未形成。

三是在实施运行中，体系建设存在形式化的倾向。一些企业的HSE管理体系建设仍然存在着“形式主义”和“文件化”的倾向。有的企业将体系建设仅仅当作工作任务，没有结合企业实际进行系统策划，对工作要求和部署只是简单复制和照搬。有的企业将体系建设简单等同于建立一套体系文件，只是给别人看的，或者为取得一个资质，而实际运作和管理又依据另一套制度和文件，导致体系建设未能对企业安全生产起到基础保障作用。

四是在管控措施上，缺乏有效的HSE管理工具和方法。在推进HSE管理体系建设的过程中可以看出，各级管理者还普遍缺乏有效的HSE管理工具和方法，虽然有强烈的改进HSE管理业绩的愿望，但没有切实可行的风险管控举措，风险识别不清、评估不准、控制措施不到位等现象大量存在，事故难以杜绝。

二、抓住关键，深入推进HSE体系建设

深入推进HSE管理体系建设，关键是要始终坚持以HSE风险管控为核心这条主线，总结成果，固化模式，以点带面，全面推开。在体系推进过程中，要坚持“五个结合”、做到“六个强化”、实现“五个转变”。

（一）在管理体系建设上，始终坚持“五个结合”

一是与安全文化培育相结合。体系建设过程实际是培育安全文化的过程。要充分利用报刊、网络、电视、简报等多种媒介，普及和宣传HSE管理先进理念、管理方法和典型经验，营造浓厚的HSE文化氛围，在全系统促进践行有感领导、

强化直线责任、推进属地管理，把“安全是企业的核心价值”等HSE理念落到实处，努力做到：时时想到安全、处处为了安全、人人重视安全。

二是与调动全员参与相结合。体系建设的关键是领导，重心在基层。要始终坚持从领导层、管理层、操作层狠抓责任落实，做到横向到边、纵向到底，促进落实全员责任、实现全员参与。领导干部带头落实有感领导，职能管理部门自觉履行直线责任，基层岗位员工主动实施属地管理，一级带一级，层层推进安全环保责任落实，实现事事有人管、人人有专责。

三是与长效机制建设相结合。HSE管理体系推进工作要立足现实，放眼长远，统筹规划。各企业都要根据自身实际制订科学、合理的HSE管理体系推进工作中长期计划，并纳入企业总体发展规划同步实施，始终坚持以推进HSE管理体系建设作为企业安全环保工作重要抓手，促进安全环保管理水平不断上新台阶。

四是与日常管理相结合。一方面，将体系推进工作与HSE管理日常工作相结合，瞄准先进，结合实际，有序推进，务求实效。另一方面，紧紧围绕加强生产经营管理开展体系推进工作，明确各级领导、相关职能部门职责，整体协调，各方联动，各尽其责，确保为企业生产经营平稳协调均衡发展提供坚实的基础保障。

五是与继承创新相结合。体系建设不是推倒重建，而是对现行HSE管理系统的进一步完善、优化和提升。在继承和发扬优秀管理传统的基础上，充分学习借鉴国际先进HSE管理理念和方法，结合实际消化吸收再创新，循序渐进，深入开展基层站队HSE标准化建设活动，持续提升HSE管理水平。

（二）在实施运行上，切实做到“六个强化”

一是强化组织领导，实现上下整体联动。严密有效的组织领导是确保管理体系有效运行的保障。集团公司确定了全面推进“统一、规范、简明、可操作”的HSE体系建设总体原则要求，企业要加强推进工作组织领导，按照统一部署，制定推进方案、细化保障措施，着力强化制度标准健全、培训教育、风险防控、体系审核、新工具方法应用、安全文化建设等工作，促进管理体系长效规范运行。各级主要负责人要亲自抓，专业部门要强化对专业领域HSE工作的组织领导和技术支撑。各级领导要积极带头落实有感领导、直线责任，团结并带领全体员工推进体系建设，形成领导带头、全员参与、整体联动的良好态势。

二是强化理念培育，推广风险工具方法。坚持理念先行，牢固树立把安全环保作为核心价值观的思想，推行“一切事故都是可以避免的”、“事故事件是宝贵资源”等 HSE 理念。将安全环保科学理念、观念和管理原则的要求渗透、植入到规章制度、管理流程、工作标准和道德规范之中，使干部员工从事每一项生产管理活动都能够感受到 HSE 理念的引导和控制，最终实现 HSE 科学理念内化于心到外化于行的深刻转变。完善改进工具方法，积极运用安全观察沟通、工作循环分析等方法，搭建与员工沟通平台；运用目视化、上锁挂签等工具，规范现场管理，控制危险源；运用工作前安全分析、作业许可、“两书一表”、“四有一卡”等方法，真正使基层作业风险可控、受控和在控。

三是强化责任落实，构建“大安全”格局。责任落实是做好安全环保工作的关键。本着“党政同责、一岗双责、齐抓共管”、“管工作必须管安全、管业务必须管安全”的原则，进一步建立健全各级组织和各级人员 HSE 职责，形成覆盖全员、职责明确、各负其责的责任体系。层层细化分解 HSE 责任，将压力逐级传递到基层和岗位，实施全员履职承诺，并公布公开，接受监督。强化全员特别是领导干部的 HSE 履职能力评估，明确不同岗位人员能力标准，将 HSE 履职考评纳入整体考核管理，加强对新提拔、新上岗和转岗人员的HSE履职能力评估，确保全员能岗匹配、主动履职。健全 HSE 业绩考核办法，全方位、多层次地开展员工 HSE 履职情况督查，并实施奖惩，确保全员 HSE 责任有效落实。

四是强化制度健全，推进管理科学规范。要及时将成熟的安全环保管理方法和模式固化为管理制度，使员工有章可循，确保体系推进工作不以管理人员的意识高低而变化，也不以领导者的变动而变化。要结合实际，围绕风险管理，突出责任落实，不断健全完善涵盖工艺安全、行为安全和污染物控制的通用性 HSE 制度框架。要落实有感领导、直线责任和属地管理要求，将 HSE 管理要求和相应工具方法纳入相关生产经营管理流程，同时，强化制度规程宣贯和培训，促进员工养成学习制度规程、尊重制度规程、自觉运用制度规程的良好意识和行为习惯，推进 HSE 管理规范化、制度化和程序化。

五是强化培训教育，提升全员技能素质。体系推进工作首先需要转变全员的观念，要创新培训理念和方式方法，着力提高HSE培训工作的针对性和有效性。健全各类岗位人员HSE培训矩阵，制定完善岗位人员HSE培训大纲，组织编写HSE制度标准培训课件。分层次、有重点地对各级领导、机关职能部门、HSE专业人员和基层岗位员工进行系统HSE培训。要深化基层HSE培训管理模式研究，以落实基层领导培训直线责任为重点，以编制实施HSE培训矩阵为载体，分岗位、小范围、短课时、多方式建立HSE培训模式。大力推行培训送教上门、领导干部带头授课等活动，促进全员HSE素质稳步提升。同时，自上而下通过电视、报纸、网络等多种渠道，采取培训、演讲、竞赛、答题等多种形式，开展"安全生产大家谈"、"HSE论文征集评选"等活动，宣传先进理念，传播HSE知识，进一步营造良好的文化氛围。

六是强化体系审核，提升体系运行质量。体系审核是保障管理体系有效运行的重要手段。要坚持以企业为主体，强化内审，做到各级基层岗位现场和作业活动全覆盖。要坚持严审核、深追究，查短板、促提升的审核思路，结合实际，分专业、多层次，定期组织并探索实施量化审核。坚持领导带队、专家审核；要强化审核内容与业务管理、重点工作、关键环节等深度结合，持续提高审核的针对性和有效性。健全问题闭环管理机制，抓苗头查管理，查现场溯机关，并从组织机构、工作职责、管理制度、培训教育、体系机制等方面制定措施，确保所有问题整改闭环。企业以审核方式规范各类安全环保检查，完善审核检查流程，统一审核检查标准，培养审核检查专家，规范开展内部审核工作。通过体系审核，夯实管理基础，完善制度标准，理顺管理流程，全面提升HSE综合管理水平。

（三）在运行效果上，着力实现"五个转变"

一是从领导"重视"向"重实"转变。通过践行有感领导，实现由领导"重视"向"重实"转变，使各级领导者从过去的口头重视安全转变为注重HSE管理的实效，强化领导干部以身作则，成为实现"安全是企业核心价值"的全力倡导者和亲身实践者。

二是从"全员参与"向"全员负责"转变。以推行直线责任和属地管理为载体，实现由"全员参与"向"全员负责"转变，明确职能部门管工作必须管安全，推动员工承诺“我的属地我负责”，从过去单纯的全员参与转变为HSE管理人人有责，形成“安全是我的责任”的良好氛围。

三是从“岗位操作者”向“属地管理者”转变。通过属地管理在基层的最终落实，实现基层员工由“岗位操作者”向“属地管理者”转变。对作业区域、设备设施进行属地划分、明确职责，增强了员工的责任感，把安全当作自己的事、当作本职工作的一部分，使基层员工由原来仅仅是被动执行操作规程和规章制度，转变为积极履行HSE职责和主动追求良好的HSE业绩，真正实现“一草一木”有人管，“一岗一位”皆有责。

四是从“经验型管理”向“系统化管理”转变。管理体系是企业的“法典”，是包括最高管理者在内的全体员工在生产经营活动中都必须严格遵守的内部规章和行为准则，它理顺了工作接口，明确了各个岗位该干什么、怎么干、干到什么程度，它用标准审核替代经验检查，基本改变了传统管理中靠文件、靠会议、靠检查的做法，使HSE管理步入科学化、规范化、制度化、程序化的轨道，逐步从靠经验型管理向系统化管理转变。

五是从“被动防范”向“源头控制”转变。将HSE管理关口前移，着力在源头控制上下功夫，强化施工设计审批、人员素质、设备设施、监督检查等各个环节的管控，加强健康安全环保过程指标考核奖惩，及时消除人的不安全行为和物的不安全状态，促进HSE管理从被动防范向源头控制的转变。

HSE管理体系建设是一项复杂的系统工程，也是一项长期而又艰巨的工作，需要集中精力、大胆探索、不懈努力。HSE管理的改进不会一蹴而就，也不会一劳永逸，必须结合企业实际，突出HSE管理在不同阶段的矛盾和主要问题，采取针对性措施，逐步加以解决。各级人员要坚持从我做起、从小事做起、从细节做起，通过不断提高HSE管理水平，确保集团公司整体安全环保形势的持续稳定好转。

建　议

在管理体系建设上，始终坚持“五个结合”。一是与安全文化培育相结合；二是与调动全员参与相结合；三是与长效机制建设相结合；四是与日常管理相结合；五是与继承创新相结合。

在实施运行上，切实做到“六个强化”。一是强化组织领导，实现上下整体联动；二是强化理念培育，推广风险工具方法；三是强化责任落实，构建“大安全”格局；四是强化制度健全，推进管理科学规范；五是强化培训教育，提升全员技能素质；六是强化体系审核，提升体系运行质量。

在运行效果上，着力实现“五个转变”。一是从领导“重视”向“重实”转变；二是从“全员参与”向“全员负责”转变；三是从“岗位操作者”向“属地管理者”转变；四是从“经验型管理”向“系统化管理”转变；五是从“被动防范”向“源头控制”转变。

尽管随着体系推进的逐渐深入，许多单位的安全环保整体管理水平有了一定提高，但绝对不能高估成绩，不能夸大成果，更不能满足现状、停步不前。部分单位推进体系建设还是迫于上级要求、外部压力以及事故多发的现状，没有真正把安全环保作为企业的核心价值，没有把体系建设作为企业的自身需求，还没有形成抓好体系建设的内在驱动力。必须要深刻认识到，HSE 体系建设不是“一锤子买卖”，不是一次性的工作和活动，必须要作为一项长期的事业来坚持和经营，作为一项长效机制来不断丰富和完善。这样才能一步一个脚印、一步一个台阶地持续把 HSE 体系推进工作引向深入。

最近一个时期，国务院和相关部门密集制修订了包括新《中华人民共和国安全生产法》（以下简称《安全生产法》）在内的95项安全生产法律法规和标准。这些法律法规和标准的密集出台，进一步规范和细化了安全生产各项工作要求，一方面使集团公司面临着繁重的安全生产制度标准的制修订工作，另一方面也使集团公司安全生产工作面临着更大的法律法规符合性风险，安全生产合规性要求将进一步加强。

加强顶层设计，使安全生产规章制度更具符合性与合规性

——对安全生产规章制度符合性的思考及建议

郭喜林

2014年按照集团公司合规经营的总体要求，安全环保与节能部组织开展了集团公司安全生产制度合规性分析工作，系统地梳理了集团公司安全生产规章制度，分析了2014年底前制定的安全生产规章制度与国家法律法规要求的符合性，提出了安全生产制度框架和制修订建议。据统计，集团公司现有安全生产规章制度51项，按发布层级分，其中集团公司层面发布的有31项，安全环保与节能部发布的有20项；按发布时间分，新《安全生产法》颁布后发布的7项，五年以内发布的18项，五年到十年间发布的15项，十年以前发布的18项；按规章制度类别分，综合性制度13项，专项制度38项。目前，集团公司安全生产制度体系以《集团公司安全生产管理规定》(中油质安字〔2004〕672号)为主线，以专项制度为细化补充，涵盖了劳动保护、特种设备管理、重大危险源管理、隐患排查治理、现场安全管理、消防、交通、海洋作业等16个方面。经过对每项制度进行研究分析结果表明，集团公司安全生产制度体系能够密切关注国家相关法律法规及标准的变化，各项制度、标准能够结合企业特点和实际及时实现制修订，具有较好的科学性以及实际操作性。总体来看，集团公司安全生产制度体系较为完善，可以满足国家安全生产法律法规的基本要求，能够较全面地对集团公司安全生产管理水平的提升起到监督管理和约束、指导作用。

在安全生产标准方面，集团公司目前共有安全生产企业标准147项，其中，管理标准95项(包括HSE体系标准6项)，技术标准52项。三年以内的标准63项，三年以上十年以内标准84项，暂时没有十年以上的标准。总体来看，集团公司安全生产企业标准在HSE标准化技术委员会的组织下，紧紧围绕集团公司安全生产管理需求和技术需求，构建了比较完整、比较符合集团公司实际的安全生产标准体系，为各项业务的安全生产要求确定了较为完善的安全技术标准和管理标准。

随着国家对安全生产管理要求的日益严格和企业主体责任的进一步突出和强化，以及集团公司建设世界一流综合性国际能源公司对安全生产管理水平和安全生产绩效提升提出的更高要求，现有的安全生产制度建设管理在许多方面表现出不能适应新形势和新常态的要求，主要体现在以下几个方面。

一、对安全生产规章制度的顶层设计缺乏严密性

目前集团公司还缺乏系统性跟踪研究国家安全生产法律法规和标准的部门和机构，集团公司及部门所制定的安全生产规章制度和要求大多都还是根据各处室职责和所管理的具体业务而制定下发的，在总体层面还缺乏对安全生产规章制度和标准的顶层研究和设计。部门各处室只是常规性地跟踪国家最新颁布的法律法规及标准或随用随查，安全环保技术研究院各业务所（中心）也只围绕自身的业务范围关注政策变化，导致安全生产政策跟踪和研究处于分散随机的状态，政策要求落实挂空挡的风险比较大。此外，由于缺乏集团公司层面安全生产制度及标准专业研究机构，致使难以实现常态化、专业化系统跟踪和研究国内外政策变化对集团公司的影响，进而导致集团公司安全生产管理制度和标准的顶层设计不足和制修订的随机。

二、对安全生产制度和标准制修订缺乏时效性

从制度合规性分析来看，集团公司安全生产制度标准五年以前发布并未修订的占比达到31%，相应的近五年来国家发布的各种法律法规及标准已达244项，现有制度标准制修订不及时的问题尚比较突出，依法合规方面存在法律风险。一是在安全生产方面缺乏管制度的制度。制度的完善合规有效是安全生产

管理的基础，但目前制度的制修订随机性比较大，缺乏制度机制的规范和约束，往往很难实现合法合规的万无一失；二是制修订的日常准备不足。由于缺乏统一研究机构及时跟踪、辨识国内外安全生产政策变化，往往出现制度制修订时掌握信息和资料不完备，制度的研究制定变成了编写制定，导致时间进度和质量都难以保证。

三、安全生产制度和标准缺乏操作性和实用性

尽管集团公司安全生产制度已基本实现安全管理的全覆盖和较好的法律合规性，但制度条文多注重提要求，流程、细则、规范不足，在一定程度上忽视了可操作性。此外不少制度和要求的出台缺乏与实际管理的结合，没有考虑企业安全生产水平的差异性，管理宽严度难以把握，导致不少制度标准本身难以执行。一是各类制度过于繁杂，要求过于烦琐，且部分存在相互重叠和矛盾的现象，执行者往往被淹没在各种要求中，无法从中甄选出适合自己的内容，导致无法真正落实制度要求；二是有关“禁令”过于笼统，执行者往往不知自己该如何做才不至于踩踏红线；三是与杜邦公司的合作更注重理念和流程的学习，造成职权、职责梳理不清，作业文件、操作规程、工艺卡片缺乏统一的规范和指南，导致执行层面推诿和混乱，制度执行的合规性基础不牢固。

四、对制度标准的执行缺乏严肃性

由于安全生产制度和标准自身的问题，以及制度标准往往无法涵盖企业管理的所有具体问题，企业在对制度标准的落实上总打折扣，无法全部得到有效执行，无法做到安全要求的刚性制度刚性执行。一是指令不清导致执行混乱，执行者或不知所措，或无意误解甚至有意曲解，约束力大幅降低；二是指令不清导致监督监管尺度模糊，给监督和监管带来相当程度的不确定性和不严肃性，严重影响制度的权威性；三是指令不清导致难以有效纠正，难以举一反三吸取教训，导致低水平问题重复发生。

五、对制度标准偏离执行的责任追究缺乏严厉性

目前，在未造成事故的情况下，针对制度和标准的偏离执行或违章行为，尚未有有效的处罚措施，集团公司还没有建立“违章作为事故处理”的制度，对违

反制度标准要求但未造成事故的行为往往采取姑息迁就的态度。在企业中的一些违规侥幸行为能够通过牺牲安全性对工作带来所谓的“方便性”和“经济性”，很容易被那些安全意识淡薄的领导和员工所接受，并能让别人跟风效仿。这种现象屡禁不止的一个重要原因就是管理制度和考核制度没有切中习惯性违章的要害。在安全检查和考核中，还存在着不规范、不严格、不细致的现象，有时迫于人情、迫于工作进度或者领导压力，对应严格考核的违章行为和违章人员“放一马”。对制度标准的偏离行为缺乏相应的考核，从而放大了有关单位偏离安全管理制度和要求的心理，久而久之，进一步加剧了安全制度和标准的约束性和执行力。

建　议

一、加强对安全生产制度标准体系顶层设计研究

针对集团公司对国内外安全生产政策标准研究薄弱、安全生产制度标准顶层设计不足的问题，建议成立或委派安全环保技术研究院组建安全生产制度标准体系专门研究部门或机构，重点围绕国内外安全生产政策标准跟踪研究，谋划策划集团公司安全生产制度标准的顶层框架，统筹研究并制修订集团公司安全生产制度和标准，对现有制度标准开展合规性分析以及开展制度的流程化和指令化研究，指导企业更好地实现落实国家要求、转化同行经验、固化企业经验和教训，确保集团公司安全生产制度标准的完善、合规、系统和协调。

二、强化安全生产制度和标准的时效性

加强制度标准的修订，确保制度标准能随着企业生产经营的实际及时调整。对于新出台的国家安全生产制度规范，要通过研究制定或者修订现有类似制度的方式，及时融入现有的安全生产制度体系中。对于一些新业务的开展、新技术的应用，要及时配套地研究制度相应的安全生产制度标准体系。对于一些常规化的安全管理制度和标准规定，要定期开展对业务发展适应性和可操作性的跟踪评审，及时修订和调整。同时针对不同业务的风险程度的不同、不同类型企业的安全管理水平的高低，出台有针对性的安全管理要求以及达到要求的时间限度，把握好管理宽严度，切实让安全生产制度标准在不同企业都能得到有效地落实执行。

三、加大安全生产制度标准的强制执行力

针对以确保生产任务为借口无视安全生产制度标准要求，“有令不行”、“有禁不止”的现象，建议进一步加大安全生产制度标准执行合规性的监督力度和违规处罚力度，保证制度标准的权威性和严肃性，切实解决“行”和“评”的问题。同时切实落实安全生产制度的严格考核，确保刚性制度得到强制执行。一是建立标准的安全生产违规行为扣分清单，满分重新上岗培训，屡犯调离岗位甚至“终身禁驾”；二是进一步强化安全监督的“执法者”地位，规范“执法”行为；三是职能部门协同配合，确保违规必受处罚。

四、强化安全生产制度标准的宣贯培训

针对各级制度执行者普遍存在的对集团公司安全生产制度标准一知半解，甚至误解、曲解的问题，进一步加大宣传宣贯力度非常必要，但如果延续以往“填鸭”式的宣贯方式，希望宣贯效果明显改善是不现实的。为此建议宣贯重在解决“知”和“能”的问题，一是进一步加强培训的针对性，高层管理人员重在知晓“红线”，中层管理人员重在清楚“做什么”才能确保不踏红线，而操作岗位人员则应清晰掌握“怎样做”；二是在进一步明确各级岗位、各个部门的“职权”和“职能”的基础上，加强制度标准培训矩阵的应用，结合岗位广泛引入体验式的安全培训；三是全面开展各岗位安全生产履职能力培训和评估，以此作为上岗的必须条件；四是将承包商对安全生产制度标准宣贯全面纳入培训体系，特别是长期合作的承包商，必须按照企业员工培训管理系统，全面进行安全生产规章制度的培训。

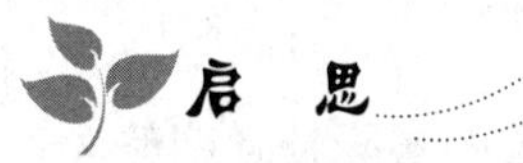
启　思

古语讲“徒法不足以自行”，制度同样如此。随着国家对安全生产管理要求的日益严格和企业主体责任的进一步突出和强化，如何使我们的安全生产制度建设及标准适应新形势和新常态并且符合国家法律法规的要求？这就需要我们对安全生产制度标准体系进行顶层设计研究，谋划顶层框架，统筹制修订安全生产的制度标准，对现有制度标准开展合规性及符合性分析和研究，确保制度标准能随着企业生产经营的实际及时调整，符合国家法律法规要求。唯如此，才能使未来安全发展之路蹄疾步稳！

如何建立有效的HSE管理制度与标准持续完善机制，确保HSE管理制度与标准的依法合规、科学、高效、可操作？实践证明，要做到依法合规，就是要全面分析现行的国家相关法规和技术规范，要重点从安全生产责任制、建设项目“三同时”、变更管理、事故隐患排查治理以及事故管理等制度入手，对现有的各项规章制度和操作规程的合规性进行全面梳理，合并同类制度，减少制度数量。

以技术研究为基础，构建HSE管理制度与标准完善良性机制

——对构建HSE管理制度与标准完善良性机制的思考与建议

张广智

管理制度和作业规程是企业员工在生产经营活动中须严格遵守的行为准则。历经几十年血的教训及经验的积累沉淀，我们的HSE相关管理制度、作业标准（如操作规程）是比较完善的，也为集团公司的安全环保业绩提升发挥了巨大的作用。但现行的部分制度和标准不同程度存在着实效性、可操作性不强的问题，宏观要求多、具体要求少，有的过于烦琐，有的还不够完善，带来部分管理制度和标准存在着执行效力低和执行力不够的风险。

究其原因主要是受国家法律法规和标准的制约、局部利益的束缚、经验主义的局限和调查研究的不足等因素的影响，其中调查研究的不足尤为突出，特别是在有关专业技术管理制度和标准制修订的设计起草上，主要是依靠责任规避、国家法规标准要求机械附和性的驱动，不是建立在重大风险防控技术专题研究或充分的实践调研的基础上，结果是导致有的制度标准与安全生产实际不适应，主要风险防控不突出，有的存在片面提高安全标准要求，有的安全环保要求还不足。当前，集团公司提出了依法合规治企的要求，扭转传统人治思维，以逐步减少主观性的行政文件，减轻基层负担并保持政策的连续性，健全完善科学、高效、可操作的HSE管理制度与标准体系就显得至关重要。

按照集团公司确定的安全八大风险、环保六大风险，细分炼化装置、大型储

库、油气管道、油气销售、油气海运、工程技术、装备制造等专业领域，有计划地开展某一领域、某一活动的危害因素识别、重大风险评估和风险防控技术的系统专题研究，并依据风险防控技术专题研究成果开展系列转化工作。一是影响国家法律法规、标准的改进。有了依据风险防控技术专题研究成果的可靠依据，我们就可有力地对因人治思维、经验主义形成的制约企业良性发展的不合理的国家现行法律法规，以及有关技术标准的“短板”、“长板”等问题施加有力的改进影响，确保安全的必要技术措施保障，减少企业不必要的安全过度投入。二是改进集团公司、企业现有的管理制度、技术标准。不仅要将风险防控技术研究成果应用于总部层面顶层制度修订中，更重要的是要将研究成果作为技术标准提升以及各企业制度完善的依据。三是改进现有岗位作业规程。指导企业依据风险防控技术专题科研成果，进一步完善操作规程和岗位应急处置程序，真正解决基层岗位作业规程操作性不强问题。四是编制各层面的风险防控技术指南。将风险防控技术专题研究成果，转化成不同专业领域和不同层面风险防控技术基础指南，作为员工安全技能培训的教材，从根本上提高 HSE 培训实效性，也能为解决员工“无知无畏”的问题提供一个较好的途径。五是开发风险防控与应急处置培训系统。利用先进的三维数字信息技术，将风险防控技术专题研究成果转化为虚拟与现实交互的仿真培训与演练系统，可大幅度提高员工安全技能培训覆盖面、培训效率和培训效果。

开展危害因素识别、重大风险评估和风险防控技术专题研究，并不需要基础性的理论研究，更多的是现有技术成果的集成，以及国内外成熟案例的搜集、整理、消化和吸收。此项专题研究，需要众多经验丰富的基层技术人员的参与，更需要大量的经费和时间投入，但笔者认为相对于机械对标式的硬件投入还是较少的，其成果不仅能促进集团公司安全生产保障能力的提升，也会使企业减少不必要的安全过度投入，更能为社会全行业的安全生产做贡献。建立以风险防控技术研究为基础的 HSE 管理制度与标准持续完善的机制，是实现 HSE 科学管理的一个有效基础。

建 议

要确保 HSE 管理制度与标准实现科学、高效与可操作，可借助安全环保与节能部力推的集团公司风险分级防控机制建设契机，通过加大重大风险防控技术专题研究支持的力度，建立以风险防控技术研究为基础的 HSE 管理制度与标准持续完善长效机制。

一是影响国家法律法规、标准的改进。二是改进集团公司、企业现有的管理制度、技术标准。三是改进现有岗位作业规程。四是编制各层面的风险防控技术指南。五是开发风险防控与应急处置培训系统。

启 思

制度建设具有基础性、根本性和主导性作用。当前，很重要的一项任务就是对照新安全环保法以及“党政同责”、“一岗双责”、“管行业必须管安全、管业务必须管安全、管生产经营必须管安全”等方面的新要求，对现有各项规章制度进行全面梳理，切实从制度的合规性出发，研究制定符合现行法律条件和责任体系要求的实施细则和配套制度，强化提升各项制度在可操作性、宣贯培训和检查考核等环节的执行力，这个任务已经刻不容缓。

如何突出审核重点持续促进 HSE 管理改进提升

“管理必须审核”已成为国际大石油公司的一种通行做法。HSE 审核是企业建立并运行 HSE 管理体系的重要环节，是评价企业 HSE 管理体系实施效果的有效手段，也是改善企业 HSE 管理工作的有效工具。通过审核可以发现其运行过程中突出的优点和改进空间，以达到 HSE 管理体系融入各项生产经营活动、为企业安全生产服务以及持续改进的目的。

突出审核重点，帮助企业分析 HSE 管理薄弱环节与管理短板
——关于 HSE 体系审核的思考与建议

王其华

HSE 体系建设是中国石油经过长期实践而逐步确立的安全环保管理工作的主线，而 HSE 审核已成为 HSE 体系建设的重要内容和组成部分。目前，中国石油安全文化整体仍处于严格监管阶段，HSE 审核也是严格监管阶段有效的保障措施。推进 HSE 体系审核，加强职业健康、安全环保的绩效管理，是确保 HSE 管理体系持续改进的重要途径。因此 HSE 审核已经成为中国石油持续深入推进 HSE 体系建设、强化安全环保及生产管理的重要抓手，成为促进管理提升的重要载体。安全环保技术研究院作为 HSE 审核的主力军，在多年 HSE 审核中既见证了审核工作对 HSE 体系建设的有力推动，也从中发现了一些需要进一步加强和改进的地方，对此我们针对领导层的审核力度不够、两级机关的审核弱化、企业体系文件的审核不够等问题进行了认真思考和分析，提出如下建议。

一、中国石油审核特点及成效

中国石油从 2007 年开始组织实施总部审核工作，并从 2012 年起形成一年两

次全覆盖的审核工作机制。总部及各分公司分别组建审核组，紧密结合集团公司年度重点工作部署，对各分公司所属企业的HSE管理体系建设及运行状况进行全面、系统地审核，及时宣传和推广了HSE最新管理理念和工具方法，发挥了有效的推进、宣传、指导作用，提高了企业领导层的意识，营造了全员参与HSE管理的氛围，也推动了集团公司各项重点工作的贯彻落实。

在审核工作中，始终坚持领导带队，审核组遵循客观公正和“三不审核”的原则，结合集团公司现阶段安全环保工作，突出业务特点和审核重点，并在审核后系统分析和总结审核中发现的问题和经验。通过审核与指导相结合的方式，帮助企业发现了HSE管理中的薄弱环节和管理短板，分析了存在问题的原因，提出了切实可行的整改建议或措施，有效推动了企业HSE管理体系的规范运行和持续改进，极大地提升了企业安全环保的管理水平。

各企业也通过审核工作营造了更加良好的HSE体系持续推进的氛围，有感领导示范得到了进一步推动，基层HSE风险防控工作稳步开展，设备安全管理水平持续提升，HSE培训、监督工作再上新台阶，安全环保合规性生产的工作力度进一步加大。

二、审核工作存在的问题

几年的审核工作虽然取得了一定的成效，但就审核本身而言，确实还存在一些薄弱环节，需要我们进一步的改进，这些问题主要表现在以下三方面。

（一）领导层的审核力度不够

总部级的审核，更应侧重审核各级领导的重视程度，审核领导对总部工作要求的把握和落实，关注领导者本身对HSE的真实态度，应按照一岗双责、直线责任、管工作必须管安全、管业务必须管安全的要求，全覆盖地对领导者进行审核，以此发现领导者在管理上存在的问题。几年来的审核发现，对领导层审核存在蜻蜓点水、水过地皮湿的现象，没有按照岗位职责进行严格审核，审核中原则性的话、程序性的话较多，没有真正达到审核的目的。

（二）两级机关的审核弱化

审核中，审核组更多关注的是企业现场，从审核计划中也能看得出来，对两级机关审核普遍弱化，有时半天时间审 2 ～ 3 个机关部门。从审核证据上看，管理性问题、职责履行、直线管理思路、管理接口通畅、管理制度严密性等问题在机关审核中反映不多，部分审核组存在个别问题替代普遍性问题，现场问题替代管理问题的现象，把审核当作检查，没能完全反映企业管理的真实状况。通常讲，审核发现的问题一定要追根溯源，一定要查找管理原因，这是体系管理的重要思想。如果仅限于完成审核，没有查找问题的管理原因，也就背离了体系管理强调的发现一个共性问题、整改一类问题的目标。

（三）企业体系文件的审核不够

HSE 体系文件实质是企业管理中科学管理的体现，所以一个企业的规范运行，首先体现在制度的完善性、适用性和可操作性，建立体系文件的目的就是规范企业工作流程、明确正确的操作方法、界定具体的管理界面，使所有的活动满足或符合文件要求。几年来的审核过程以及通过与审核员的交流发现，审核组对企业体系文件的审核力度和投入的时间不够，很少有审核组针对企业的体系文件提出问题，对企业文件的规模是否适应、文件的内容是否健全、是否具有操作性的意见或建议相对较少，经过一年的运行，企业有哪些制度、流程进行了哪些修订以及有哪些管理手段进行了改进等，都没有得到明显地体现。

建　议

一、加强审核的策划

审核前需要严谨的策划。由于企业的业务不同，组织机构、产品、文件的详细程度、现场分布、人员能力和设备以及企业文化都不尽相同，这些因素都影响着审核的效果，审核组应依据相应信息做好审核策划工作，包括审核时间的长短、审核的先后顺序、审核员的专业性、审核的重点等，以达到总部审核的目的。

二、提高领导层的审核力度

HSE 管理体系有效运行的关键在于领导，体现在领导力上，没有强有力的领导力和领导意识，所有的管理和行为都是空谈。建议审核组根据领导分工、一岗双责等相关要求，对每一位班子成员开展审核，既要达到 100% 全覆盖，又要提高专业深度，以达到管工作管安全、管业务管安全的要求。

三、强化两级机关的审核

局处两级机关是企业管理的根基，审核组应依据各部门的工作职责以及负责的管理文件有针对性地实施审核。对机关审核重在问题的根源分析、措施评审以及管理改进，重在监督和直线责任的履职，关注与基层相关接口的衔接。针对与HSE 管理体系联系密切的部门，审核组应拿出更加充分的时间，深度和广度也应再大一些。

四、强化企业体系文件审核

企业的体系文件能够反映管理活动的逐个环节，对关键过程、重要危险危害因素、危险化学品、危险作业以及危险场所等，无论以哪种方式，都应进行管理和控制，更需要文件给予支持。目前的审核关注点往往集中在作业现场，更多关注设备设施完好性以及作业环境，忽略了管理性文件的审核，忽视了现场问题的最终落脚点是在管理层面，致使管理性问题不能有效发现，导致低水平问题重复发生。因此，建议在审核中要更多关注现场的问题在管理上是否有制度的缺失，管理文件是否规定了工作职责、是否清晰地界定了管理要求。

五、提升审核员的能力

审核员在审核中会接触到不同行业的企业，即使是同一个行业里不同的企业，由于管理模式、最高管理者的管理理念存在差异，各企业也有着各自不同的管理特色。因此不断提高审核员的综合能力非常必要，建议重点围绕审核员的“六要”和“四不要”等十个环节进一步加强培训考核，确保审核员能够不断适应国家 HSE 政策标准要求的变化和企业生产管理要求的变化。

审核与检查的区别是什么？

直白来说，检查好比挑刺儿，而审核是把长刺儿的原因找到、拔掉，确保不再长。从这个角度而言，审核就不单纯是翻翻资料、看看现场、首尾开会。正如文中建议所说，必须从策划、领导层、两级机关、体系文件、审核能力四个方面去着力，才能避免审核工作蜻蜓点水地泛泛而过。

审核是一种管理手段，最终是为结果服务。审核的最终结果是什么？就是把个性经验集中推广，把共性问题逐个解决，把碎片式的理念系统化，把粗浅的认识深刻化，从而形成管理资源，推动整体提升。

此为“管理必须审核”的真谛。

集团公司环境风险仍比较突出，仅在环境敏感区内的油气水井就达到17000多口，涉及原油产量560多万吨，历史形成的部分污染治理问题相当迫切。要全面排查整改各类环境污染和生态破坏隐患，加快“土油池”和危废渣场治理，依法依规组织生产，达不到环保要求坚决关停退出，努力消除环境风险。

贯彻新《环境保护法》，通过现场审核努力消除环境风险

——对勘探与生产分公司环保现场审核发现问题的思考与建议

安全环保技术研究院

2014年9—10月，根据勘探与生产分公司有关要求，安全环保技术研究院派出环保专家全面参加了2014年油气田环保现场审核。针对审核中发现的问题，结合新《中华人民共和国环境保护法》（以下简称《环境保护法》）的要求，安全环保技术研究院进行了分析和思考，提出问题与建议，可供参阅。

一、环保标准日益提高，超标排放问题凸显

2014年7月1日起，新的火电厂、锅炉大气污染物排放标准开始陆续实施，二氧化硫、氮氧化物、烟尘的排放限值大幅提升；辽宁、天津、山西等地方相继提出更为严格的排放要求。

目前重点排污口已基本安装在线监测设施并联网，排放信息更加公开透明。按照新《环境保护法》的要求，污染物超标排放将面临按日计罚、停产整顿甚至行政拘留等惩罚措施，超标3倍以上还会追究刑事责任，还可能面临公益诉讼和负面报道。

二、页岩气开发存在环保隐患

页岩气已被国家列为有别于常规天然气开采的独立矿种，美国的页岩气开发暴露出的环境问题也引起了国家有关部门的高度关注，国家环境保护部正在酝酿针对页岩气开采的成套环境管理要求。集团公司页岩气开发刚刚起步，尚存在油基钻屑和压裂返排液合法有效处理、重金属和废气排放特征不清楚等问题。目

前国内页岩气开发单井需耗水 $2\times10^4\sim3\times10^4m^3$，其中仅有约 20%压裂返排液可以回用，对水资源需求巨大，同时需外排的压裂返排液量达到（0.15 ~ 0.23）$\times10^4t$/ 单井，但目前这部分压裂返排液及后期排采液去向问题尚无标准和规范可依。整体来看，页岩气开发缺乏成熟且具有可行性的成套环保技术方案，环境风险突出。

三、污水回注存在地下水环境和政策风险

新《环境保护法》严禁通过灌注方式排放污染物。有些油气田目前采用的回注方式是否属于灌注，尚无定论。油气田注水对地下水环境影响已经引起国家、地方环保部门和社会公众的关注，也正在成为政府部门加强环保监管的新领域。

四、废物处置设施防渗不完善

国外石油公司曾在场地污染治理方面付出巨大的代价，国家对土壤和地下水污染问题日益重视，已确定为我国“十三五”环境保护的重点领域。环境保护部正在开展首轮全国性的地下水环境调查，2014 年密集发布了多个与场地污染相关的法规、标准和规范，近期还将出台“水十条”、“土十条”等政策。防渗是预防土壤和地下水污染的重要措施，应当高度重视。

五、环境风险更加突出

油气田勘探开发作业点分散，管线分布区域广、管网复杂，部分设施所处环境敏感，大量设施建设时间长，环境风险管控难度大。随着环保法规的日益严格和公众环保意识的提高，环境事件的法律处罚和社会负面影响将日益增加。

建　议

一、加大科技攻关力度，推动达标升级

一是集团公司组织进一步梳理、汇总、分析有关问题，分板块编制满足新环境保护标准的整体工作方案，明确资金和技术路线、技术难点；二是建议统筹开展技术调研，对现有污染治理技术进行梳理及评估，形成集团公司污染治理最佳可行技术名录，指导企业实施达标升级改造；三是针对新环境保护标准升级过程

中的技术难点，加强科技投入，组织集团内部环保科研力量，集成国内外先进环保技术和设备，开展含油污水达标排放等专项技术攻关。

二、专题研究页岩气开发环境保护技术，夯实发展基础

针对页岩气开发环境保护问题，建议设立页岩气开发环保专项，重点针对油基钻屑处理、压裂返排液和排采液综合处理与利用、水资源综合利用与优化等问题进行联合攻关，并尽快开展现场示范，形成成套自主环保技术。安全环保技术研究院前期已针对这方面问题对四川、塔里木、长庆相关污染物处理装置进行了大量调研和前期研究，并联合休斯敦中心对美国页岩气开发环保技术进行了系统调研和分析，为解决相关环保技术问题打下了基础。

三、制定配套标准，规范回注行为

针对污水回注过程中的政策与环境风险，建议：一是组织开展油气田采出水回注现状的系统调研，开展已有回注工程的环境影响评估；二是做好与国家环境保护部的沟通，力争获得油气田采出水回注处理的合法地位；三是调研美国相关法规，以环境保护为目标，编制油气田采出水回注技术企业标准和行业标准及回注工程环保管理办法，规范回注行为；四是在标准出台前，加强对回注工程的管理，尽量减少气田和部分油田采出水回灌（注入非油气层），对回注方案提出环境保护要求。在充分考虑环境敏感点的距离、地质和水文特征的基础上，从注入井的密度、注入层位、注入压力、地层可注入量、注入井结构、监测井布设等方面，提出有效措施，保护地下水资源和地热、卤水等非油矿产资源。

四、加强防渗管理，控制场地污染

针对油气废物处置设施防渗不规范的问题，建议：一是对油气田污染物储存与填埋、泥浆固化、氧化塘等场地的防渗现状开展全面排查，针对发现的问题，进行专项整治；二是结合国家相关要求及集团公司生产现状，制定油气田企业防渗设计规范；三是针对目前防渗工程普遍成本较高，在防渗工艺优化、防渗材料优选方面开展专题研究；四是加强场地污染调查、评估与修复技术储备与示范。安全环保技术研究院前期依托中国石油 HSE 重点实验室，建设了国内先进的防渗检测与工艺优化实验分室和石油石化场地污染防治技术实验分室，可在此领域

给集团公司提供技术支持。

五、规避生态红线，降低环境风险

针对环境风险方面存在的问题，建议：一是集团公司定期开展环境风险专项排查，针对重大环境风险，制订专项防控方案；二是对涉及自然保护区核心区和缓冲区内、水源保护区一级保护区和二级保护区的设施应限期停产或搬迁，对废弃物进行妥善处置；三是对自然保护区实验区、水源地准保护区内、分散式引用水源周边的设施，提高环境风险防控标准，完善防控措施；四是新建项目在项目规划阶段，应充分考虑新《环境保护法》对生态红线的要求和约束，实行环保一票否决。

红线不能碰、底线不能越，安全如此，环保亦如此。

不仅仅是因为最严格的新“两法”[1]的实施，更因为，在今天这样一个网络时代，全民皆媒体，任何一个内部问题，都可能引发网上传播。比如，2015年年初的“某企业涉污被政府点名”报道，短短7天时间内相关网络信息量就达到4000多篇，网民在微博、论坛、微信等发表帖文3500多条。企业就此承受的压力比之问题本身，可能更大。

油气田企业环保管理存在的问题，应该怎么做？如何主动适应？本文已经给出了建议。在科技攻关、标准完善、硬件投入之外，我们还应该思考：如何妥善应对媒体和社会关注？随着国家和地方政府环境监管力度不断加大，社会舆论对环境污染点火就着，应对好公众关注，必然也应该成为我们降低环保压力和风险的途径之一。

[1] 新“两法”指新修订的《中华人民共和国安全生产法》和《中华人民共和国环境保护法》。

2012年以来，集团公司连续四年对120余家主要生产经营单位开展了一年两次的HSE管理体系全覆盖审核，发现和整改了大量问题，促进了企业HSE管理的改进提升，但也暴露出审核工作存在的一些问题。

落实审核问题整改，持续促进HSE管理水平提升

——对HSE体系审核工作分析及改进措施建议

集团公司安全环保与节能部HSE体系处（职业健康处）

“管理必须审核”是国际石油公司的通行做法，目前总部审核已成为促进企业HSE管理提升的重要抓手，取得了较好的成效。

一是完善了审核思路方法。确定了“严查、深究、补短板、促改进”的审核工作思路，明确了“没有审核方案不审、没有审核检查表不审、审核员没有培训不审”的“三不审核”原则，形成了“分专业、全覆盖、分层级、多方式”的审核工作模式。采取专项审核、全要素审核、交叉审核等多种方式，突出对重点区域、关键环节、重大项目、特殊时段进行审核。积极运用“四不两直”(不发通知，不打招呼，不听汇报，不用陪同接待，直奔基层，直插现场）方法，提高了审核工作的质量和效率。

二是促进了直线责任落实。总部审核的实施主体是专业板块，安全环保与节能部总体策划并跟踪汇总。专业板块领导高度重视，带队审核，业务部门深度参与，并从企业抽调业务管理人员，组成专家审核组，突出对专业领域HSE管理要求的审核，增强了审核针对性。审核前，各专业板块对审核人员集中培训，突出业务内容学习，明确专业审核检查标准，推动了专业领域HSE要求的有效落实。审核结束，专业板块及时召开总结视频会，通报审核情况，重大问题由专业板块领导挂牌督办，限期整改。对于共性问题、重复问题，专业板块业务部门从制度上、管理上进行分析，系统解决，促进了业务管理要求与安全监管要求的深度融合。

三是推动了管理水平提升。审核组采取领导访谈、员工座谈、现场观察、知

识测试、模拟操作等方式进行审核，边审核边指导，传播了安全知识，传递了安全理念，交流了安全经验，促进了企业干部和员工理念、行为的转变，推动了工作安全分析、作业许可、能量隔离等新工具、新方法的有效运用。2012年以来开展的7次总部审核，共计发现了34208项问题，集中发现和整改了油气田企业废弃井、炼化企业电网波动、销售企业罩棚隐患、管道企业CNG板车无行驶证和套牌使用、钻探企业钻机高空坠落风险等一批影响企业安全生产的重大隐患问题，提升了企业安全环保管理水平。

四是培养了审核员队伍。每次审核，各专业板块从企业抽调约600余名审核人员参与审核，一些人员多次参与总部审核，既学习锻炼了审核方法技巧，加深了对总部有关制度标准的理解，也学习了解了不同企业HSE管理的典型做法，开拓了工作视野，丰富了业务知识，提高了发现问题、分析问题的能力，锻炼和培养了一批懂业务、会审核的审核队伍。现场审核时，企业均安排骨干人员陪同审核，与审核人员一道深入基层现场和各个部门，边审核边指导，边审核边交流，促进了企业管理人员业务素质提升。

在看到上述成绩的同时，我们也清醒地认识到，HSE审核在组织方式和实施效果上也存在一些问题，主要是审核人员发现问题的意愿和能力不足、提出的问题和整改建议质量不高、审核问题整改的系统性和有效性不强，还有较大的改进和提升空间。

一是审核工作要求不能得到有效落实。审核员审核前集中培训要求没有得到有效坚持，有的通过网络视频培训，有的审核前培训时间过短，有的甚至没有进行集中培训就直接进入现场审核，无法确保审核要求统一、标准统一。另外，少数领导没有落实“班子成员至少完整参加一个企业现场审核”的要求，或参加首次会议，或参加末次会议，走马观花、蜻蜓点水。同时，有的审核检查表不完善，内容不完整，专业性不突出，可操作性、指导性不强，审核人员现场审核随意性大。

二是审核工作质量有待提高。全覆盖审核任务重，时间有限，一些审核组在短时间内要完成4～5家企业的审核任务，审核员在每家企业有效审核时间仅3～4天。为了完成计划任务，审核员没有足够的时间及精力深入追溯和分析现场问题背后的管理原因，提出的问题多数是现场点上的具体问题，制度层面的、管理层面的系统性问题较少，审核质量打了折扣。另外，企业派出的一些审核人员审核能力不足，不掌握审核方法技巧，不会追溯和判断现场问题背后的管理问题，多数审核人员仍然习惯传统安全检查方式，查现场、查员工、查设备、不习惯查管理、查干部、查领导。还有个别审核人员将本单位做法作为审核标准，提出的问题让企业无所适从。

三是对审核工作认识不到位。一些被审核单位的领导不参加首末次会议，多数单位的领导只关注审核发现问题数量的多少，个别单位领导还提出“这次审核问题必须比上次少”的要求，并将此作为对有关单位和部门考核的标准。一些企业认为总部审核就是找毛病，就是为了通报，一些单位被通报感觉脸上无光，没有被通报就暗自庆幸，反而忽视了通过审核发现差距，提升管理的根本目的。

四是审核问题整改不彻底。有的单位举一反三整改工作做得不好,就事论事，满足于消除问题即可，没有真正从制度、机制、流程、理念等深层面分析和整改问题，既没有做到治本，更没有做到防患于未然，一些问题屡查屡有，屡禁不止。出现这种情况，一方面因为越深层面的问题越难整改，企业怕麻烦，不下大功夫；另一方面是审核组和有关组织方没有健全问题整改的跟踪验证机制，特别对一些严重问题、重复性问题，审核结束以后，相关部门和单位没有跟踪整改过程、验证整改效果、考核整改情况，导致问题整改不及时、不深入、不彻底。一些问题屡查屡有，屡禁不止而引发事故。

建 议

一是正确认识审核工作。顾名思义，审核即审查、核实，需要严谨、系统、客观。严谨即依据充分，有理有据；系统即要检查工作的组织策划，还要检查工作的实施过程，更要核实工作的实际效果；客观即以事实为根据，不主观推测。所以审核犹如体检，是一个细活、技术活，与传统的安全大检查有区别。要完成一个审核活动，需要从时间计划、审核人员、组织方式上做出合理安排，才能取得预期效果。当前，无论从深化推进企业 HSE 管理体系建设的需要，还是从严格监管安全文化阶段现状看，集团公司都需要大力开展审核工作，及时发现和改进问题，推进体系规范运行和文化氛围养成。尤其应着眼长远，学好用好审核，回归审核工作的本源，结合企业实际，建立一个常态化、规范化的审核工作机制。

二是调整审核组织方式。集团公司规模庞大，管理层级多，不同层级职能定位不同，不同专业板块所属企业的规模数量、风险程度差异很大。炼化板块包括化工销售、油田炼厂，每次审核 35 家企业；销售板块所属 37 家企业，而装备板块仅 5 家企业，工程建设板块有 6 家企业。初期推动，各专业板块一年两次全覆盖审核可行，效果也比较明显，但长此以往，容易流于形式，目前一些专业板块已经显露出疲劳应付状态，审核质量有下降趋势。据了解，国际大公司总部对企业的审核，按照规模和风险不同，一般 3 ~ 5 年一个周期。建议集团公司按照总部、专业板块、企业的职能定位，明确总部推动、专业板块主导、企业主体的审核工作机制。安全环保与节能部推动引导审核工作规范开展，负责健全审核制度标准，统一审核要求，并根据需要，选择性开展交通安全、消防安全、海洋安全、职业健康等通用性审核和重大项目、重要单位的专项审核；板块是专业主导，具体负责对本专业领域的审核，所属单位全覆盖，每年不少于一次，具体审核过程、审核内容、时间安排由专业板块自行确定；企业发挥主体作用，建立内审机制，加大审核力度，从内容、范围上保证全覆盖，并加大对关键环节、要害部位的审核。在此基础上，总部可以根据国家安全生产监管工作有关部署和内部安全生产形势，灵活调整审核安排。正常情况下，专业板块可灵活安排，在满足一年至少一次的前提下，可以分阶段全覆盖，也可以集中一次全覆盖，小专业板块可以多次全覆盖。

三是完善审核基础工作。审核检查表是审核人员开展审核工作的标准，也是企业规范管理工作的一个依据，对于初期参加审核的人员尤其需要审核检查表。应逐步完善各类审核检查表，总部制定交通安全、消防安全、职业健康、海洋安全等通用性以及应急管理、事故管理等专项审核检查表；专业板块完善专业性审核检查表，突出对专业安全环保内容的审核检查，炼化重点突出工艺安全审核检查，钻探重点突出井控安全审核检查，管道重点突出管道完整性审核检查，工程重点突出施工安全审核检查。各专业审核检查标准格式规范统一，内容系统完整，包括管理和现场两方面内容。审核质量关键取决于审核人员，应完善目前审核员培训方式，进一步强化审核员队伍建设。总部每年分期从企业选拔300名有一定审核经历的优秀业务管理人员，采取小班、互动、案例式方式，强化审核知识、审核方法、审核技巧培训。专业板块每次审核抽调参加过审核员培训的合格人员，组成审核组，并完善激励措施，鼓励优秀的业务管理人员学习审核，参加审核，逐步建立一只懂业务、会审核、愿审核的审核员队伍。

四是做好审核后续工作。既要重视审核的组织策划和实施过程，也要做好审核后续工作，不能虎头蛇尾。审核后续工作包括问题统计分析和问题整改落实。对于发现的问题，审核人员应该按照统一尺度，对问题分级分类，这也是审核严谨细致的基本体现。专业板块和企业根据审核员对问题严重程度的分级以及问题类别的划分，合理安排整改工作。对于严重问题，挂牌督办，限期整改；对于普遍性、重复性问题，专业板块和企业从制度上、管理上系统分析解决。所有问题，都应举一反三，从根上治理，防止重复发生，并根据问题的严重程度，由审核人员或专业板块有关部门采取现场跟踪验证、书面跟踪验证、口头跟踪验证等方式，对整改情况进行确认。逐步转变通报或淡化通报方式，鼓励企业多暴露问题。对于一般问题和新出现问题不通报、不考核；对严重问题、重复问题、整改不力问题，严肃通报并纳入考核，甚至追究责任，扭转企业过于关注问题数量和问题通报倾向，真正将主要精力集中在对问题整改的落实上，确实做到审核一次，推动一次，提高一次。

2012年以来，集团公司连续7次的HSE审核，对3万多项问题的发现也可以说就是3万多个风险得到预警，相当一批重大问题得到整改。这是很大的成绩，但问题也不容忽视。

认识决定结果。

一是审核组织方的认识，二是被审核企业的认识。这两个问题在很大程度上影响审核的结果和效果。对审核组织方来说，审核的方式改进、内容策划、工作技巧、后续跟踪是决定审核质量的关键；对被审核企业来说，尤其是企业领导，必须认识到“审核不出问题，将来就会出大问题”，唯有如此，才能不把审核当作“猫抓老鼠”，审核才真正有意义。

真学、真用、真信，才能切实做到审核一次，推动一次，提高一次。才能在审核中传递安全理念，交流安全经验，推动方法创新，最终促进行为转变。

如何从系统管理入手全过程夯实管理基础

HSE“两书一表”[1]是集团公司在借鉴国际石油公司的基层现场风险管理模式的基础上，结合基层组织特点形成的具有中国石油特色的基层组织HSE风险管理模式。“两书一表”是用于控制生产场所作业风险的一种有效的管理工具，但同时也必须看到，在“两书一表”推广应用过程中还存在着许多不容忽视的问题。

用好“两书一表”，使其在基层组织风险管理中发挥更好作用

——对HSE“两书一表”管理工作问题分析及意见建议

胡月亭

一、“两书一表”存在问题分析

（一）“两层皮”现象产生的根源

2001年，集团公司下发了关于推行“两书一表”管理工作的199号文件，文件明确要求把“两书一表”作为安全检查、体系审核等的重要内容，同时还要纳入年终考核。但另一方面，由于当时一些企业对安全生产管理重要性的认识不足，对安全生产工作并不真正重视，加之“两书一表”管理又是一种崭新的管理方式，还不为大家所熟悉，使得一些企业对“两书一表”管理工作并不重视，致使在“两书一表”的开发编制上照猫画虎，存在质量问题，其实用性自然就受到影响，况且，在实际工作中还面临着项目工期紧张等一些实际问题。在这种情况下，个别企业为了应付上级要求，就搞起了形式主义：一方面，为了应付上级检查、审核与考核等工作，都编制了“两书一表”；另一方面，由于这些企业对安全生产工作并不真正重视，因此也不接受“两书一表”管理，编制的“两书一表”

[1] HSE“两书一表”指HSE作业指导书、HSE作业计划书和HSE现场检查表。

只是为了应付审核、检查，并不在实际工作中应用，这样就导致了“两书一表”编而不用“两层皮”。

（二）体系推进工作对“两书一表”的影响

“两书一表”出现的问题，不仅与当时对安全生产工作不够重视的客观环境有很大关系，不可否认的是，“两书一表”自身也存在着一些不容忽视的问题，如，按专业开发的指导书对岗位员工而言针对性不强；相对于比较紧张的工期，计划书内容偏多，难以在项目开工之前编制完成并进行宣贯等。针对“两书一表”自身存在的问题，在进行广泛、深入调研的基础之上，集团公司于 2007 年进行了规范、改进，改版后的“两书一表”，克服了第一版中存在的一些缺陷、问题，受到了企业的广泛欢迎，一些企业甚至致函安全环保与节能部，请示可否在基层组织只推行“两书一表”管理，为基层组织减负，因为通过“两书一表”的使用，既能够规范人的行为，也可以检查物的状态，能够有效防控各类事故的发生。但由于其时恰逢与杜邦公司合作之初，随着合作的开展，大量时间、精力都放在与杜邦合作方面，不仅没有重视研究企业有关“两书一表”的意见、建议，而且由于新的 HSE 管理工具、方法以及先进理念陆续推出，不论召开的会议还是下发的文件，都是对这些新的方法、理念的要求，不再提及“两书一表”，无形之中就把“两书一表”工作边缘化了。自 2007 年至今，关于“两书一表”管理工作，没有再下发过有关文件，会上领导没再要求过，文件、报告中没再出现过，“两书一表”这个名词已逐渐淡出人们的视线，一些企业因此怀疑：集团公司是否还要求继续实施“两书一表”管理？也正是因为集团公司层面不再强调，企业自然也就不再重视，加之当前各种 HSE 管理的工具、方法已经很多，已造成基层组织负担过重，因此，在这种情况下，一些已实施“两书一表”的单位也在不断退出。另外，还有一些乙方企业，在被动实施“两书一表”管理：只有甲方明确要求，乙方才提交“两书一表”资料，由于实施方（乙方）不再重视，只是为了应付甲方要求而做表面文章，因此，所编制的“两书一表”自然质量不高，实用性不强，在“两书一表”编制应用中再次出现了“编而不用”的低、老、坏问题。

需要指出的是，在“两书一表”经过 2007 年全面改版之后，指导书由针对专业编制变为针对岗位编制，提高了指导书的针对性和适用性，同时，由原来的纯风险管理变为把风险融入制度、规程之中，所形成的指导书内容与国家安全生产监督管理总局、全国总工会、共青团中央等国家有关部委对岗位员工应知应会知识的要求几乎完全一致。针对计划书应用环境苛刻（项目工期紧张等原因），大幅度压缩计划书内容，计划书简单易行。目前，经过反复修改完善之后，“两书一表”自身内容设置已不存在问题，在编制方面不合理的问题也已解决。当然，由于目前中国石油尚处于风险管理的初级阶段，“两书一表”就是风险管理的产物，因此，由于风险管理初级阶段的一些问题，如，危害因素辨识不到位等，直接影响到其产物——“两书一表”、作业许可等风险管理工具、方法作用的发挥，随着风险管理水平的提高，这些问题都将迎刃而解。总之，经过 2007 年的全面改进，“两书一表”在编制上已进一步完善。

二、HSE“两书一表”的特点与优势

“两书一表”不仅科学合理，而且简单易行、行之有效，十多年来，“两书一表”在基层组织风险管理工作中发挥了重要作用，一些企业真学真用，取得了实实在在的效果。同时其理论价值也得到了国内外业界专家的广泛认同。

首先，“两书一表”不仅科学合理，而且简单易行、行之有效，是适用于基层组织风险管理的理想工具。其中，“两书一表”中的岗位作业指导书，是岗位员工应知应会知识的载体，它是把依照国家法律、法规、行业标准、公司制度、规定等所有要求一线员工掌握的应知应会知识，通过岗位职责、任职条件、操作规程、应急处置程序等形式载于指导书中，员工通过学习指导书，掌握应知应会知识，达到独立上岗的基本条件。这是国际公司通用做法，适用于所有行业的岗位员工。“两书一表”中的岗位现场检查表，是规范岗位员工对其所使用、管理的设备、设施、工器具等物的状态进行检查的表格化工具，通过检查表的使用，指导岗位员工对物的状态进行有效检查，以防止因物的不安全状态而导致事故的发生，这也是要求所有一线岗位员工所必须做到的。指导书与检查表，也即“一书一表”，是所有岗位员工都应该具备的。另外，由于移动作业项目所涉及的变化、变更较多，开发项目作业计划书就是对由于这些变化、变更所产生的风险进行系统辨识和管理。总之，“两书一表”理论上科学合理，操作上简便易行，已

为企业基层组织的管理效果所证实。

其次，“两书一表”理论上科学合理，得到了国内外业界专家的广泛认同。笔者曾就“两书一表”不同专题，先后在IADC（国际钻井承包商协会）HSE论坛、API（美国石油学会）安全论坛、WCOGI（世界石油天然气工业安全会议）宣读相关论文，均受到与会专家学者的关注和好评，在一次论坛上，皇家荷兰壳牌集团（以下简称壳牌公司）专家称赞“两书一表”比壳牌公司的HSE CASE更科学、更合理。杜邦公司专家在2007年对集团公司基层队站评估时，认为“两书一表”简单易行、行之有效，十分适用于基层组织风险管理。目前高校HSE风险管理教材《HSE风险管理》已收录HSE“两书一表”的内容。另外，中国石化已在其基层组织推广中国石油所研发的HSE“两书一表”管理模式。

第三，“两书一表”具有广泛的群众基础和一定的影响力。HSE“两书一表”在中国石油的实施已有15年的历史，时间跨度长、工作基础扎实，已为企业基层组织广泛接受，具有广泛的群众基础。同时，由于时间跨度长，成效明显，“两书一表”管理模式也为许多机关部门所认可，具有一定的影响力。集团公司人事部在开发新员工入职教育课程时，主动把“两书一表”纳入了进去，集团公司思想政治工作部在做“三基”工作时，曾主动与安全环保与节能部探讨基层组织的“两书一表”问题，集团公司物资采购管理部出台的《仓储管理办法》，要求在仓储管理中实施“两书一表”管理。另外，“两书一表”最初只是集团公司要求在未上市企业实施，后来股份公司所属上市企业正是看到了未上市企业实施“两书一表”的效果，自觉主动地在本企业实施“两书一表”管理。

总之，“两书一表”管理模式不仅已为基层组织广泛接受，具有广泛的群众基础，而且在机关部门也具有一定的影响力，已成为认可度最高的基层组织HSE风险管理方式。尤为重要的是，“两书一表”能够与目前现行的风险管理工具、方法有机结合，形成了以“两书一表”为主线的基层组织HSE风险管理模式，使科学合理、行之有效的管理工具能够发挥其应用作用，下面对此作简单分析。

（一）“两书一表”与现行风险管理工具、方法等的关系

1. HSE“两书一表”与规程、制度的关系

HSE管理体系中的文件化管理，就是把组织的各类文件分门别类设计成手

册、程序文件、作业文件等几个层级，既做到了全覆盖、不重叠，又能够明确使用对象，提高文件使用效率。“两书一表”的作业指导书就是把一个组织中有关对岗位员工的要求进行系统梳理与汇集，汇编形成该岗位员工的应知应会知识，例如，岗位职责、任职条件、操作规程、应急处置程序等，就是“两书一表”之作业指导书的主要内容，编制完成后发给每一位员工，供员工学习、参考之用。作业指导书规范了对岗位员工的培训内容，这也是迄今为止我们在传统安全管理中对一线员工学习、培训管理方面所欠缺的，通过对指导书的宣贯、培训，真正使应知应会知识都能够学习、掌握，从而实现通过提升员工素质达到关口前移的事故防控目的。

2．HSE“两书一表”与基层组织应急管理的关系

作业指导书中的“应急处置程序”主要是突出作业活动中发生紧急、异常状况时的现场处置流程、措施和方法，岗位员工通过对指导书中“应急处置程序”的学习，熟练掌握应急操作步骤、流程和注意要点等，提升岗位应急能力，从而达到迅速有效地进行初期应急处置，有效控制事态发展的目的。作业计划书中的“应急处置预案”，是在对整个项目作业活动进行风险评估的基础上，针对项目中风险高、后果严重的事故，开发编制相应预案作为附件纳入作业计划书管理，在学习宣贯作业计划书时一并宣贯学习，通过对应急预案学习、演练，不仅强化岗位应急处置，更重要的是对濒于失控高风险事故，能够做到及时启动应急预案，借助外部资源，有效进行事态控制，防止事故恶化或次生事故发生，把事故损失减至最低。

3．HSE“两书一表”与基层岗位HSE培训矩阵的关系

岗位作业指导书是岗位员工应知应会知识技能的载体，通过学习培训作业指导书，提升岗位员工业务技能素质，达到有效防控常规作业风险的目的。岗位HSE培训矩阵是基层岗位员工应知应会知识技能的有效培训模式，因此，基层岗位HSE培训矩阵与“两书一表”是相辅相成的关系，岗位HSE培训矩阵的主要培训内容就是岗位作业指导书，而岗位作业指导书应通过岗位HSE培训矩阵进行有效培训。由于岗位作业指导书内容丰富，若缺乏科学的培训方式方法，很难对作业指导书内容进行有效培训，通过将HSE作业指导书内容纳入岗位需求

型培训矩阵，加强“两书一表”的宣贯培训，有利于提升指导书的培训效果。通过岗位培训矩阵的建立，明确基层岗位 HSE 培训的需要和标准，形成“多形式、小范围、短课时”基层 HSE 培训模式，提升培训效果。另外，岗位 HSE 培训矩阵与“两书一表”的关系，也正是继承与创新的结合，借助“两书一表”的群众基础，能够使培训矩阵更好地为大家所理解、接受。

4. HSE“两书一表”与属地管理的关系

属地管理就是对本属地的人员、财物的管理，岗位现场检查表的编制依据就是根据属地管理原则，把该岗位属地范围内的硬件设备、设施的检查纳入本岗位属地管理职责。通过岗位现场检查表，对每个岗位员工所使用或管理的机具、设备以及工作面等属于该员工属地范围内的硬件设施安全状态进行检查，及时发现并整改硬件隐患，以确保在本属地范围内的硬件设备、设施始终处于安全状态。通过现场检查表在基层岗位的实施，可有效明确和落实属地管理责任。“两书一表”中现场检查表与属地管理的有机结合也体现了继承与创新的关系。

5. HSE“两书一表”与工作前安全分析（JSA）、作业许可之间的关系

在“两书一表”中，指导书供员工日常培训中学习，以提升自身素质，实现对常规作业风险的管理；检查表是用于指导岗位员工对各种硬件设备、设施进行检查、管理；计划书是对移动作业项目中由于各种变化变更所产生风险的系统辨识与管理。在项目施工作业过程中，凡是常规作业都应遵循操作规程，按照“规定动作”执行，如果遇到了没有操作规程的非常规作业，应视其风险程度决定采取作业许可或工作前安全分析（JSA）进行管理：凡属如动土、动火、高处作业等高风险作业活动，一定要采取作业许可严格管控，否则，可通过工作前安全分析（JSA）进行管理，这样既做到了宽严结合，又确保了风险受控，从而达到有效防控风险之目的。

6. HSE“两书一表”与基层 HSE 标准化站队建设的关系

基层 HSE 标准化站队建设是集团公司深入实施安全环保基础性工程，深化基层组织 HSE 管理体系建设，强化 HSE 风险管控所采取的一项重要举措，也是落实国家安全生产监督管理总局安全生产标准化专业达标和岗位达标工作要求的具体部署。“两书一表”就是基层 HSE 标准化站队建设的基本支撑，集团公司基

层 HSE 标准化站队建设，是对现有基层 HSE 工作的再总结、再完善、再提升，“两书一表”是基层站队实施 HSE 风险管理的基本模式，通过指导书提升员工基本素质，提升对常规风险的防范能力，通过检查表查找在用设备、设施等硬件隐患，确保物的状态的安全，移动作业站队通过计划书实现对变化、变更风险的系统管理。国家安全生产监督管理总局在有关岗位标准化达标的文件中，明确要求岗位员工应通过学习岗位职责、岗位任职条件、岗位操作规程以及应急处置程序等实现安全生产标准化岗位达标，上述内容就是指导书的主要内容，因此，应通过做好 HSE“两书一表”的编制与应用，切实做好基层 HSE 标准化站队建设工作。

建 议

“两书一表”实际上满足了基层组织最基本的风险管理要求，因为在“两书一表”中,“两书”用于规范员工作业行为(其中，指导书用于规范常规作业活动，计划书用于规范非常规作业活动)，“一表”用于检查物的状态，而这些要求是基层组织在风险管理不可或缺的基本内容。但由于目前集团公司不再过于强调“两书一表”的管理，一些企业便改弦更张，推出了一些新花样，不仅不利于“两书一表”的改进，而且还增加了基层组织的负担。

基于上述原因，基层组织的安全管理工作不宜进行频繁的“创新”，而更应该强化对现行有效管理方法的持续改进。通过系统梳理基层组织现行工具、方法或管理模式，该整合的整合，该废止的废止，在此基础上，审慎选择行之有效的一种管理模式及相应工具、方法，一旦选定便持之以恒，坚持不懈长期推行下去，出现问题就进行改进，改进之后再继续实施，如此循环往复，持续改进，只要大方向正确，就没有做不好的道理!

另外，加强领导、提高认识是做好任何一项工作的前提。如果重视不够，管理工作跟不上，无论再好用、管用的工具、方法，也注定无法发挥作用。如岗位现场检查表就是一种简单易行的表格化检查工具，但由于管理不善，员工偷懒，致使检查表不能发挥作用。中国石油长城钻探工程公司重视对检查表使用的管理，通过采取多重覆盖的检查方式，强化对现场检查表应用情况的监督、管理，不只是要求员工按检查表进行检查，更重要的是，责成班组长、站队长、安全员对员工的持表检查情况进行复核，做到多重覆盖，并制定了相应奖惩办法，有效解决了员工在使用检查表时的偷懒耍滑问题。目前，安全检查表已成为中国石油长城钻探工程公司行之有效的检查工具。因此，希望能够提高对“两书一表”工作在基层组织风险管理中地位和作用的认识，从而进一步加强和规范“两书一表”管理工作。有理由相信，在当今高度重视安全生产工作的大环境、大背景下，只要我们能够认识到“两书一表”的价值，并在今后实际工作中持续改进，一定能够形成以“两书一表”为主线的基层组织风险管理模式，实现基层组织的有效减负，从而为基层组织风险管理创造适宜的氛围、环境，基层组织的风险管理工作就能够越做越实，“两书一表”一定能够在基层组织风险防控中发挥越来越大的作用。

启　思

风险管控需要运用有力“抓手”。作业许可、上锁挂牌、“两书一表”、“四有一卡”等方法就是这样一批工具，特别是 HAZOP 分析方法已经在基层风险管理工作中发挥了重要作用，取得了实实在在的效果。具有中国石油特色的基层组织 HSE 风险管理模式，“两书一表”不仅科学合理，而且简单易行、行之有效，如何使“两书一表”与基层实际深度结合，杜绝“两张皮”现象，值得我们进行深入思考。

从本质上说，安全环保不是一个瞬间的结果，其涉及方方面面，是对企业管理系统在某一时期、某一阶段过程状态的描述，也是企业生产经营、装备技术等整体管理水平的综合反映。实际上，企业的安全环保工作状况也是多种因素相互交织、相互作用、相互影响的结果。

从系统管理入手，把管理重点放在整体效应上

——简要分析安全环保工作的系统性特征

郭立杰

分析近年来的多起事故，表面上是安全事故，本质上却是各个专业如工艺、设备、采购、检修等各个环节在管理方面出现疏漏导致的。项目建设过程中任何一个环节把关不严格，生产过程中任何一点波动处置不及时，物资采购过程中任何一个零件质量不合格，人员选拔过程中任何一个专业能岗不匹配，都可能产生安全问题，甚至引发事故。比如四川石化“1.28”高处坠落事故、煤层气公司“3.14”机械伤害事故等，出事人员都是刚参加工作一到两年的年轻员工。虽然事故发生有风险识别和安全监管不到位等多种因素，但培训不过关却是一个不容忽视的背后因素。炼化企业的重大事故大都与泄漏相关，隐蔽的管线，法兰、封头、管线的测厚，设备的检测，密封、阀门的管理等，都需要在整体系统上达到稳定受控的程度。但这些环节无论哪个方面出了问题，暴露出来的结果都可能是安全问题。

按照对“大安全观”的基本认识，与安全生产工作相关或涉及的领域、范围、主体可谓无所不包、无所不容，从规划设计、设备工艺、生产运行、检维修到物资采购、质量控制、人员素质等，任何一个领域的生产经营环节和活动都包含着安全要素。发生事故是外部表现，企业在生产经营中出现系统运行紊乱才是内在原因。因此，事故的发生不是一个孤立的事件，通常是企业发展中诸多矛盾、问题的集中暴露，绝对不能孤立地从个别环节或在某一局部范围内分析和研究安全保障问题，必须从系统管理的角度进行深入分析。

一是在思想上要充分认识安全生产的系统性特征。安全生产是一项系统工程，任何一个安全问题都不是一种脱离系统的孤立存在，它与系统内部的因素存在关联和因果关系，从而增加了安全问题的复杂性和处理的难度。从定义上说，安全生产领域也并不是一个范围明确、边界清晰、相对独立的一项专门化工作，会受到多种因素影响、涵盖多种层次的综合应用，企业的体制、机制及管理、技术、投入、人的素质等都会直接对安全生产工作产生重要影响，可以说伴随生产经营活动的开展而产生，存在于生产运行的全过程、各环节、各方面，每一个环节都是关键，哪一道工序抓不好都可能出问题，被忽视的地方往往是存在隐患的地方，想不到的地方往往是出现事故的地方，这也是安全环保工作“多因致果”的显著特征。因此必须要从生产系统的全局出发，全面地考虑规划、设计、施工、生产、制造等各个阶段可能出现的安全问题，确保全过程、全方位、全时空、全覆盖，这种系统性特征也决定了安全管理工作的极端复杂性和联动性。

二是在工作实践中要将安全生产工作充分融入专业管理当中。这些年，我们一直强调“安全源于设计、源于质量、源于防范”、“管工作必须管安全、管业务必须管安全”，一直强调 HSE 体系与专业管理相融合、与业务管理相配套，就是要求各专业管理部门在生产组织、项目建设、储运销售等各项实际工作中，都要首先明确安全责任、落实安全措施，充分发挥规划计划、生产经营、科技信息、物资采购等各个专业的安全保障作用，分专业主动查找识别并有效治理生产过程中固有的或潜在的安全风险和因素，形成安全环保工作的整体合力。特别是石油石化企业的产品、工艺、技术非常复杂，一个方面、一个环节工作或一个行为出问题，都将造成安全生产工作总体上的失控。尤其是在系统规划、设计立项等阶段，如果忽视了安全评价和风险控制，必然会埋下事故隐患。因此，必须将安全寓于生产、管理和科技进步之中，与各项专业管理深度融合，这样才能逐步探索解决安全生产的深层次问题。

三是在责任落实上要进一步突出专业部门的主体责任。安全生产工作的推进速度、力度、广度和深度及可能产生的效果并不完全取决于安全监管部门自身的愿望与努力，企业安全监管部门的真正职责是充当管理层的顾问、为专业管理提供安全咨询、为直线组织协调各项安全事务、解释标准和安全规章制度等，但事实上许多不掌握资源和决策权的安全部门成为推动安全管理的主要力量，并在许多方面替代了企业专业管理组织的安全职责，导致在安全推进实践工作中常感到心有余而力不足。要确保专业管理到位就必须首先确保安全责任到位，各专业管理部门必须要承担安全生产的主体责任，在安全生产的人、财、物等投入上给予重点考虑和保障，对安全生产工作特有的规律性、复杂性要定期进行系统研究，逐步完善安全管理的有效方法、手段和技巧，坚决杜绝那种“想到什么就抓什么、想到哪里就干到哪里、干到哪里就算哪里”的随机性管理。只有各级专业管理到位了，人的不安全行为就可以克服，物的不安全状态就可以消除，环境的不安全因素也可以改变。

四是在体系审核过程中更加注重系统的有效性。审核的主要目的在于从管理上、从整个体系的持续适宜性、充分性和有效性等方面进行确认，这也是体系审核与安全检查的最大区别。审核重点是促使相关企业将体系管理的思想、原则和方法融合到日常安全管理工作中去，强调要针对整个体系，从大处着眼，从管理上分析原因，从体系上查找缺陷。审核过程强调要用联系的方法看问题，而不是孤立地看问题，由此及彼、由表及里，从现场隐患追溯到体系完善和管理流程等方面的问题，从问题现象追溯到对体系要素影响的本质问题，从而找到问题要害，进一步理清哪些是理念认识问题，哪些是硬件设施问题，哪些是规范标准问题，哪些是执行落实问题，最终正确进行定位定性。同时，开具不符合事项也应力求寻找共性的问题、深层次的问题，浅层次的问题、个别的问题，比如个别员工劳保用品佩戴不当、文档记录有缺项不够规范等相当于皮肤病的问题，不是审核的重点。应统计分析出各类不符合项及其在各专业管理中的分布，确定企业管理的薄弱环节和改进重点，并通过这些问题的整改促进企业整体管理水平的提高。

建 议

安全环保工作要实现从单因素的就事论事转变为多因致果的系统管理。任何一个领域、行业、地方、单位、个人的任何活动实际上都包含着安全的要素，而从事故来看，其酿成的原因也是极为复杂，是广泛联系和相互作用的。因此，每次事故都是某种系统失效的征兆，点上出现问题，必须要从系统上找原因，而不能简单归结为物理故障或人员失误。安全生产工作内容有技术方面的管理，也包括行为方面的控制，要更多地运用系统的方法解决深层次的问题而不是就事论事，由单一抓手段、重人防向更加注重信息化、自动化和专业化管理延伸，彻底改变以往事故发生后所采取的“一事一治”的处置方式以及“打补丁式”的防范措施，整体上提升安全管理的系统性。

启　思

现代安全管理的一个重要特征就是强调系统的安全管理观念，就是从某一组织的整体出发，把管理重点放在整体效应上，既注重治标，更注重治本，既立足解决当前安全生产上存在的问题，更注意解决长远的安全问题，不能“头痛医头脚痛医脚”，更不能让安全事故牵着鼻子走。人们对安全生产工作的认知与判断可能会受到多种因素影响，但有一点必须要明确：就安全抓安全肯定抓不好安全，单因素的就事论事也肯定不是抓安全的科学态度，先进的理念、科学的技术、完善的措施、严格的管理、过硬的队伍是这个系统上环环相扣的各个环节，必须坚持系统考虑、系统布局，全员、全方位、全过程的抓制度和措施落实，才能从根本上杜绝安全生产工作断层、脱节、失控等现象，才能真正打牢企业安全生产的基石。

自从2006年集团公司推进提升HSE管理体系以来，如何强化基层HSE培训以及员工能力素质建设得到越来越高的重视，特别是国家新的安全环保法律法规出台后，对基层HSE培训工作的要求越来越高、越来越严，强化基层HSE培训工作逐步成为抓好安全环保的重要前提保障。

创新方法，积极探索常态化的基层HSE培训新模式

——关于企业基层HSE培训模式的思考和建议

杜民

一、企业基层岗位需求型HSE培训模式推广和应用现状

（一）推行基层岗位需求型HSE培训模式的背景

近年来国务院安全生产委员会和安全生产监督管理总局相继印发了《国务院安委会关于进一步加强安全培训工作的决定》（安委〔2012〕10号）和《安全生产培训管理办法》（总局令第44号），明确提出严格落实企业职工先培训后上岗制度（班组长、新工人）要求。同时，集团公司在强化基层HSE培训方面也进行了积极探索和实践,2009年集团公司发布了HSE培训管理的相关制度和标准，2011年下发了《关于进一步加强基层HSE培训工作的通知》，2012年发布了《基层岗位HSE培训矩阵编写指南》，引入了HSE培训矩阵这一管理工具，2014年组织开展了企业基层HSE培训矩阵模板编制研究项目，推行基于HSE培训矩阵的岗位需求型HSE培训模式，取得了一定成效。

（二）推广应用基层岗位需求型HSE培训模式的意义和作用

基于岗位HSE培训矩阵的基层“岗位需求型”HSE培训模式，可统一和规范员工上岗要求和能力建设标准，提高员工基本技能，强化执行力建设，改进基层HSE培训机制建设，强化提升基层现场风险管控水平，促进安全环保责任进一步落实，最终推动基层安全环保管理水平的有效提升。推广应用基层“岗位需求型”HSE培训模式也符合国家安全生产培训的发展趋势，也是中国石油改进和

提升企业基层 HSE 培训工作的必由之路。

（三）基于培训矩阵的岗位需求型 HSE 培训模式推广应用现状

1．基层岗位 HSE 培训矩阵编制

依据总部相关政策和标准规范的要求，企业相继组织开展了基层岗位 HSE 培训矩阵编制工作。明确了 HSE 培训矩阵包括通用安全知识、岗位基本操作技能、生产受控流程和 HSE 相关知识等四部分内容，也逐步明确了基层岗位 HSE 培训矩阵的编制流程，要包括确定专业站队、划分管理单元、梳理操作项目、开展危害分析、明确岗位需求、形成培训矩阵、设定培训要求、分析优化操作规程、编制培训课件等主要环节。岗位 HSE 培训矩阵编制的主要依据是岗位职责和操作规程，一个岗位一个培训矩阵，一个操作项目一个培训内容，培训内容要覆盖岗位操作活动的主要的风险。

2．基层岗位 HSE 培训课件编制

覆盖岗位 HSE 培训矩阵的培训课件是推行基层“岗位需求型”HSE 培训模式的载体和抓手，企业各基层单位相继组织开发编制了部分培训课件，但不系统完备，2014 年组织的开展 12 家企业分专业编制基层岗位HSE培训矩阵研究项目，对采油、采气、修井、物探、钻井、输油气、加油站、油库、石化装置施工、石化设备制造、钢管制造等主要专业的岗位HSE培训课件进行了统一开发和编制。HSE 培训课件编制要以操作规程为核心，详细分析各操作项目、操作步骤和操作过程可能存在的风险隐患，配上典型事故案例，细化剖析危害因素及风险后果，让员工懂得如何识别风险、评估风险、规避风险，实现安全操作。近几年推行基层“岗位需求型”HSE 培训模式的实践发现，让有经验的基层员工参与编制 HSE 培训课件，可将 HSE 经验教训有效融入其中，提升员工个人的风险防范意识和安全操作技能，培养基层单位 HSE 人才。

3．基层单位员工 HSE 能力评估

近几年推行基层 HSE 培训模式的探索和实践证明，对员工开展 HSE 能力评估能够准确、有效地把握员工的培训需求，HSE 能力评估也成为基层 HSE 培训模式的重要组成部分。即以员工所在岗位的 HSE 培训矩阵为能力评估标准，其中 HSE 培训矩阵中的各项“培训项目”即是能力评估的项目，与“培训项目”对应的“培训效果”即是能力评估标尺，以培训项目中的风险控制点、操作动作和应急处置关键环节为评估的采分点，设计 HSE 笔试测试试卷和面试能力评估表。对基层岗位员工 HSE 能力评估，应当依据 HSE 矩阵开展，实现“一岗一评估”，评估方式可以结合基层站队实际，采用自评、理论测试评与日常操作观察评、访谈评、现场评等多种方式相结合进行。

4．基层单位 HSE 培训师培养

基层“岗位需求型”HSE 培训模式的重要特点就是由基层 HSE 培训师来亲自授课，基层站队长、技术员、班组长等基层直线及属地管理者履行 HSE 培训直线职责，同时吸纳资深员工、操作骨干、技师等作为 HSE 培训师。实践来看岗位员工也更易于接受这种“接地气”的培训模式，建立一支优秀的 HSE 培训师队伍，充分发挥其作用，对推行基层 HSE 培训模式具有十分重要的意义。目前来看企业和所属单位结合内训师管理制度相继培养了部分 HSE 培训师，但与推行基层“岗位需求型”HSE 培训模式的需求来看，还远远不足。

5．基层岗位需求型 HSE 培训模式应用

基层 HSE 培训时间的安排。根据企业基层生产特点，新入厂、调换工种或岗位、复工员工培训安排在上岗前进行；接受新生产工作任务的员工培训在执行新的生产工作任务前进行；生产一线的基层员工培训尽可能选择生产工作相对空闲的时间进行。目前来看各专业的基层单位在满足劳动组织方式的前提下，基层 HSE 培训时间的保障还存在较多困难。

基层 HSE 培训的方式。按“安全提示、经验分享、内容介绍、授课实施、问题解答、授课总结”六步法授课，以实际操作培训为主、课堂讲授与现场辅导相结合、互动交流，保证有 1/3 以上时间用于答疑解惑和开展问题研讨，充分利用计算机、多媒体等培训手段，增强授课效果。

“分岗位、小范围、短课时、多形式”培训。“分岗位”即在培训员工操作技能时按岗位进行授课，不让与授课内容无关的员工“陪绑”。“小范围”即“小灶”式培训，一次培训针对一部分人，不搞“大帮哄”，培训人数尽可能少，有益于培训沟通、交流和具体指导。“短课时”即基层 HSE 培训授课不宜时间过长，

以免影响安全生产，每次授课尽可能短，一次授课可以仅解决一个问题，既能保证接受培训者注意力集中，同时能够较好地处理生产与培训的关系。“多形式”即从实用出发，应用课堂、现场、会议、交流、网络、多媒体等形式，有效传授HSE知识。HSE培训可以按班组、按岗位、按操作单元授课，也可以利用早会、大会、计算机网络、多媒体和鼓励员工自学等形式进行培训，尤其技能项目培训应当放在生产岗位进行。

二、推广和应用基层“岗位需求型”HSE培训模式存在问题和挑战

（一）基层“岗位需求型”HSE培训模式推广和应用责任分工问题。

基层“岗位需求型”HSE培训模式的本质是建立一个以培训矩阵为切入点的一套完整的基层HSE培训机制，兼顾直线责任、技能要求、培训需求、培训师资和技能评估等各个方面，是一项员工能力建设的重要工作，企业及其所属单位的人力资源管理暨培训主管部门应当发挥主导作用，HSE部门应当发挥技术支持作用。从调研现状来看，多数企业对推行基层HSE培训模式的责任不清，人事培训部门不愿接，还是HSE部门在唱主角组织推动。另一个方面是基层单位的技术人员和员工参与程度不够，会影响到基层HSE培训模式能否在多数基层单位持久地推行下去。

（二）岗位HSE培训矩阵编制存在的问题

以HSE培训矩阵为载体实施“岗位需求型”HSE培训模式是近年来推行的提升基层员工素质的新方式方法，相对来说是新生事物，企业各层级人员对此了解掌握程度参差不齐，存在没有深入开展HSE培训需求调查，培训内容和对象存在盲目性和随意性，编制的HSE培训矩阵的形式和内容“大而全”，忽视了岗位HSE风险防控的核心目的和要求，没有突出岗位操作技能以及相应的风险注意事项，反而加入了很多非HSE的内容，降低了基层“岗位需求型”HSE培训矩阵的实用性和可操作性等各种问题。

（三）“岗位需求型”HSE培训模式应用存在的问题

一是从目前现状来看，各企业和所属单位推广和应用“岗位需求型”HSE

培训模式差异度很大，方式各有不同，形式上各有差异，和基层实际结合的程度有深有浅，应用范围存在局限性，应用效果体现不一，未能充分发挥基层HSE培训模式的积极作用。二是基层“岗位需求型”HSE培训模式推行应用不够深入，很多基层单位仅限于编制出来HSE培训矩阵没有进一步推广应用，如开展健全完善操作规程、编制培训课件、开展员工能力评估等多方面工作，也存在为应付上级部门的检查和考核而编制完成HSE培训矩阵之后就“束之高阁”的现象。三是HSE培训师数量和质量不能满足需要，在有些基层单位也存在基层HSE培训过度依赖一两名HSE培训师，而没有落实基层站队长的直线培训责任的问题。三是基层HSE培训课件的共享机制和平台还未建立起来，各企业之间缺乏互相借鉴、互通有无、取长补短的正式机制，存在重复开发造成的人力、物力等方面的多重浪费问题。

建　议

一、加大基层“岗位需求型”HSE培训模式的推广应用力度

从试点企业开展基层“岗位需求型”HSE培训模式实践来看，对于提升基层培训针对性、提升员工能力素质、改进基层培训工作机制等方面起到了积极有效的作用。建议集团公司在现有工作基础上，加大基层HSE培训模式的推广应用力度，从职责分配、组织安排、制度要求、政策激励等方面给予资源保障和引导，并作为后续几年安全环保重点工作之一持续推进，同时搭建集团公司统一的资源共享平台，分享各专业基层岗位HSE培训矩阵及HSE培训课件资源。

二、落实基层HSE培训模式的推广应用职责并建立常态化工作机制

从集团公司总部层面明确企业及其所属单位的人力资源管理暨培训主管部门的主导责任和HSE部门技术支持责任，以及生产、工艺、设备等相关部门的配合责任，落实领导干部、职能部门、基层管理者的工作职责，明确推进工作任务。通过明确制度，建立基层HSE培训模式推广应用的常态化工作机制，对矩阵编制、课件开发、岗位员工能力评估、培训计划和实施、效果评估、培训师培养等进行规定。

三、加强基层HSE培训师培养

企业和企业所属单位应在现有内训师管理基础上加强HSE培训师培养，增

加数量和提升质量。将基层站队长、技术员、班组长以及操作骨干、技师等作为HSE培训师的后备资源培养，建立起企业、所属单位和基层站队各层级HSE培训师队伍，特别是基层，按照专业种类每个基层站队以设置2～3名HSE培训师为宜。HSE培训师应实行公开选拔、择优聘用，可实行个人申报、班组（或站队）推荐、培训主管部门审查筛选，采取试讲、模拟操作等方法进行考核选拔，在工作中对HSE培训师实行动态管理与考核，给予相应的薪酬激励以及晋级、评优评先等方面的政策激励。

四、保障基层HSE培训模式推广应用资源

基层岗位HSE培训矩阵编制和应用离不开方方面面的保障，包括组织、制度、人力、物力、财力和时间等资源保障。由于各企业的基层基础条件不同，一些企业的基层站队培训基础设施缺乏，培训条件较差，基层培训能力较弱，应当加大HSE培训资源的投入，充分调动生产、工艺、设备等方面的专家以及基层岗位具有丰富实操经验的员工参与到培训矩阵编制、课件开发、能力评估、现场培训等工作中，配备必要的授课设备、器械、资料，为基层HSE培训创造良好条件，同时要合理安排工作与培训时间，保证岗位员工能够参与和接受HSE培训。

五、通过审核与考核推动基层HSE培训模式的推广和应用

审核与考核是推动基层HSE培训模式推广和应用的有力措施，也是监督和评价基层HSE培训模式实施效果的重要手段。可以组织专项审核，也可以在审核中明确相关专题内容。企业要将推广基层HSE培训模式纳入对基层单位的考核，与基层单位和个人经济效益挂钩，做到有奖有罚。

基层HSE培训，如何对接需求，做到“量体裁衣”？过去在基层操作员工HSE培训上，总强调“干什么、学什么，缺什么、补什么”，但因为没有衡量的标准，培训“大而全”、硬灌输，没有真正达到目的。“需求型”HSE培训模式通过细化能力评估，按能力需求实施HSE培训，既检验了基层操作员工HSE能力，做到“缺什么、补什么”，同时也解决了以往培训范围过宽、内容过多并无效、重复培训等问题，节省了培训资源，得到了基层员工认可。

HSE信息系统应该覆盖所有建设项目，不同层级、不同单位的管理人员应在数据产生的环节及时录入数据，按照工作需要授权使用数据，系统自动对数据进行统计分析，提示后续需要进行的工作和要求。上级管理人员通过信息系统，可以方便地实现经常性的监督，从而避免问题的积累和恶化。

发挥信息化优势，加强建设项目“三同时”监督

——对建设项目“三同时”监督的思考与建议

饶一山

近年来，建设项目“三同时”违规问题时有发生，一些重大项目的违规已经在社会上产生了很大的反响，对企业的长远发展极其不利。随着国家的管理日趋透明，对社会公开信息的要求不断增多，非重大项目存在的问题也将会暴露出来，一旦被“有心人”关注搜集起来，同样会给企业造成严重的负面影响。因此，必须加强建设项目“三同时”的基础管理，建立和完善监督机制，使所有建设项目得到有效管控。

一、存在的问题

一是对建设项目健康、安全和环境保护重视不够，一些领导和经营管理人员片面追求政绩和经济效益，时常在决策时忽略了有关“三同时”的法规、制度要求。

二是企业内部体制、机制存在缺陷，工作职责不落实，不同部门的工作衔接不上，工作信息不能迅速有效传递，本来可以避免的问题没有避免。

三是监督机制缺失，问题发生时没有及时发现，小毛病拖成了大问题，最终造成严重后果。

随着国家法制体系的不断完善，违法成本大幅度上升，法律的震慑作用日益显现，故意忽视、违反建设项目“三同时”法规要求的情形将会有所减少。但是，企业内部的体制机制问题不会轻易得到解决，如果不能提高监督管理水平，“三同时”违规问题仍无法避免。

在集团公司内部，各种规章制度普遍突出了不同层级的责任划分，原则性要求多，对工作机制缺少顶层设计。在实际工作中，各级计划部门、生产部门、施工建设单位、HSE 部门之间的衔接有时失效，HSE 部门不能及时掌握建设项目的进展情况，不能提供有效的配合和进行专业的监督管理。业务部门 HSE 相关工作责任制不落实，程序不明确，或者公开程度不高；HSE 部门有的不知道项目的存在，有的知道项目的存在但无从了解或不便了解进展情况，也有本可以知道故意回避以避免承担责任，有的工作不主动、等待别人来找自己。

二、解决办法

解决信息沟通问题是实现监督管理的基础，在此基础上建立科学有效的工作机制，进一步细化不同部门的任务分工。

建设项目“三同时”管理应该着重加强基础工作，需要摸清建设项目底数、掌握项目进展情况，完善和利用信息系统是必要的途径。应充分利用集团公司信息化建设的成果，整合不同信息系统的资源，完善 HSE 信息系统功能，实现与计划投资、工程项目管理等信息系统的数据共享，把建设项目的进展情况及时地呈现给相关岗位、人员，信息系统通知提醒相关工作人员处理工作任务，对不符合规定的情况发出预警。通过信息系统可以把各部门分散的工作统一起来。

HSE 信息系统应该覆盖所有建设项目，不同层级、不同单位的管理人员应在数据产生的环节及时录入数据，按照工作需要授权使用数据，系统自动对数据进行统计分析，提示后续需要进行的工作和要求。上级管理人员通过信息系统，可以方便地实现经常性的监督，从而避免问题的积累和恶化。

三、专项审核

建设项目“三同时”管理应该日常化、制度化，纳入正常的业务管理，按照体系管理的模式进行专项审核，审核应该包括至少三个方面。

（1）年度系统审核。主要审核各企业“三同时”管理职责是否落实，对所属单位的管理是否满足要求，录入信息系统的数据是否完整、正确、及时。

（2）管理业务定期审核。通过信息系统进行非现场的工作审核，确认所有项目的“三同时”管理符合法规制度要求的时限和程序。

（3）项目现场审核。对具体的建设项目进行抽查，重点确认对项目的要求落实情况，如环评、设计和审查提出具体措施的实施情况、效果，发现调整、变更的情况。存在的差异要录入信息系统。

管理业务审核和项目现场审核由各管理层级根据管理的业务分别进行。

建 议

建设项目“三同时”管理应该着重加强基础工作，需要摸清建设项目底数、掌握项目进展情况，完善和利用信息系统是必要的途径。应充分利用集团公司信息化建设的成果，整合不同信息系统的资源，完善 HSE 信息系统功能，实现与计划投资、工程项目管理等信息系统的数据共享，把建设项目的进展情况及时地呈现给相关岗位、人员，信息系统通知提醒相关工作人员处理工作任务，对不符合规定的情况发出预警。通过信息系统可以把各部门分散的工作统一起来。

HSE 信息系统应该覆盖所有建设项目，不同层级、不同单位的管理人员应在数据产生的环节及时录入数据，按照工作需要授权使用数据，系统自动对数据进行统计分析，提示后续需要进行的工作和要求。上级管理人员通过信息系统，可以方便地实现经常性的监督，从而避免问题的积累和恶化。

建设项目“三同时”管理不能抓大放小，必须全面管理；也不能只关注热点项目，应该对日常管理投入精力。

启 思

要做到严格落实“三同时”要求，就必须强化项目前期管理，坚决守住“程序不违法、项目管理不违规、新建项目不留隐患”三条底线，做到“早防范、早发现、早制止、早拆除、早处置”，严格查处未批先建、擅自变更和逾越生态红线的行为，绝不搞例外，绝不搞迁就，让各种违法违规成本最大化。

第二篇　风险管控

在工作中，我们如何树立以风险管控为核心，变“事故处理、事后防范”为“本质安全、超前预防”管理的理念？同时，如何进一步明确防范措施，提升管控能力，加强监督检查，使一切生产经营活动在确保安全的前提下谋划和推进？

如何查找问题与不足以提高风险管控能力

突出安全环保作为三大基础性工程的地位，坚持以制度建设促进规范管理，狠抓责任落实，在责任分解、过程监管和问责追究等过程中全面体现“一岗双责、党政同责、齐抓共管”原则。

树立红线意识，主动适应监管要求促进合规管理
——集团公司在新“两法”实施后面临的问题及对策建议

王其华　杨　波

为深入了解企业对新修订的《安全生产法》和《环境保护法》(以下简称新“两法”）的学习贯彻情况，查找企业在安全环保管理中存在的核心问题和不足，根据安排，安全环保技术研究院围绕着中国石油在新“两法”实施后存在的问题与对策进行了调研。调研分别选取了油气田、炼化、管道、工程技术服务等企业，结合安全环保技术研究院近期对部分上下游企业开展的评估诊断和体系审核过程中发现的问题，经过认真地梳理分析研究，现形成意见如下。

一、典型做法

随着新“两法”的颁布实施，集团公司对安全环保工作的重视程度可谓空前，公司领导多次强调要加强学习贯彻新“两法”，不断提升集团公司整体 HSE 业绩水平。在此，多数企业都能结合自身实际情况开展新“两法”的学习贯彻活动，并形成了一些各具特色的典型做法：注重抓好节能减排，实施重点节能项目，关停热电厂、改造污水处理厂；持续深化领导干部安全环保履职能力评估，对评估不合格的人员进行复训；进一步全面排查安全环保风险，从制度、资金等方面着手落实整改措施；建立承包商安全管理信息系统，将承包商资质、队伍素质、现场表现、人员违章、业绩考核等内容纳入其中进行管理；坚持开展基层标杆单位

的创建活动，按照单项促进、整体提高的原则，不断强化基层管理水平；企业领导亲自给中层干部培训新“两法”，并要求各级领导干部对下级进行培训；对照新“两法”的内容，完善岗位安全环保职责，制定安全环保履职提示卡；将历年来发生的事故事件进行汇编，以光盘、图册、电子报等形式下发至岗位员工，做到事故事件资源全员分享。

二、存在问题

（一）依法治企的意识淡薄

新“两法”实施后，各企业虽然结合相关要求开展了大量工作，但仍然存在学习走过场、没有与自身短板相结合等问题，部分领导干部“油老大”思想严重，盲目追求速度、效益、规模，对安全环保工作重视不重实，没有认真学习和消化新“两法”的内容以及集团公司安全环保政策制度，相关要求得不到有效落实，特别是部分企业依然存在人情大于法治的老旧观念，严重阻碍了自身的合规性管理，为企业依法合规管理埋下了巨大隐患。

（二）未系统有效开展合规性评估

调研中发现部分企业对于自身的合规性管理情况并不了解，没有针对新“两法”条文内容，对当前生产经营状况、新改扩建项目以及安全环保管理制度、技术标准等方面是否合规进行评估；部分企业虽然进行了合规性方面的评估，但评估过程缺乏系统的策划，评估无方案、无标准、无细则，评估的有效性大打折扣，造成了家底不清、管理无措施的局面。

（三）不合规问题仍然突出

一是企业环保问题凸显。调研中发现企业环保治理的前瞻性、系统性不足，部分企业排放仍不达标，如 COD、烟气排放不能满足国家和地方标准，部分企业动力锅炉、催化裂化装置氮氧化物排放浓度超标现象时有发生，达标排放的压力进一步加大。建设项目的环保“三同时”违反程序现象仍然较多，未批先建甚至未批投运、变更不报、久试未验依然存在，形成了新的环保欠账。调研中还发现，部分钻井作业噪声大幅超标，虽然对附近村民有所补偿，但还存在村民干扰施工现象，油气田企业由于历史原因部分油井分布在环境保护区内，生产作业逼近生态“红线”。二是部分企业的安全和职业健康管理不合规的现象也仍然存在。如建设工程已经竣工验收，但项目的安全专篇、职业病防护设施设计专篇仍未完成报批手续，有些企业还存在未建立员工职业健康档案、职业危害因素未及时全面检测、职业健康风险未全面告知岗位员工等问题。

（四）处置技术和标准不满足要求

现场调研发现，新“两法”的实施加上部分标准的升级造成了我们现场的一些处置技术和技术标准落后、缺失等问题，这些问题已成为掣肘企业安全环保管理的重要因素。一是安全环保处置技术开发不足。油田钻井液、采出水，石化企业废油、油泥渣处理还没有一个成型的技术体系，处于有考核没方法的过程，页岩气开发油基岩屑处理、压裂返排液处理等技术尚未成熟，处于试验、试用阶段，各类工艺设备的实际处理效果有待现场检验，很难适应快速开发要求。同时，由于安全环保投入的资金不足，成熟的新技术、新产品没有纳入正常的资金环节。二是部分标准制度缺失或久未更新。随着新“两法”的实施，不少生产标准、技术规程、设计规范，已不适应需要，凸显出合规性、针对性和专业性的不足。如部分排放标准低于地方标准，企业排放无法达标，油气田采出水回注技术没有适用的企业和行业标准，以往的井场布置规范、钻井废弃物无害化处理技术规范等标准规范建立较早，且主要针对常规天然气开发，在页岩气平台式、工厂化集中作业中不完全适用等问题使企业实现安全环保专业化、规范化管理缺标可循，履法合规成为空谈。

建 议

一、提高认识，转变观念

随着新“两法”的发布实施，国家对安全环保工作的重视程度空前提高，安全环保舆论和监管环境都发生了深刻变化，促进安全发展、清洁发展的强大共识和合力正在形成，以前“先上车后补票”、“出了问题靠协调”等思维方式已经不复存在。在此形势之下，我们应该改变“油老大”的观念，认真学习新“两法”，深刻领会其内容，同时，还要结合企业自身情况，深入剖析存在的问题，做到观念上要彻底转变，行动上要恪守法规。

二、开展合规评估，摸清家底

通过调研发现，企业对于新“两法”实施后自身的合规性情况并不完全了解，集团公司对各企业的合规性情况也并不完全掌握，很难针对新“两法”的具体要求完善自身安全环保管理。建议在集团公司层面成立评估组，结合企业实际情况进行系统策划，以安全环保法律法规为依据，编制针对性的检查表，形成切实有效的评估方案。通过评估掌握目前不合规的薄弱环节，制定措施要立即整改，同时，对今后的新、改、扩建项目，依法依规、按程序进行。

三、完善制度体系，做到有章可循

通过调研发现，现场在某些环节上缺乏管理制度和技术标准，如炼化企业检维修、油气田采出水回注、页岩气开采环境保护规范等企业标准，建议由总部组织，各板块积极配合，制修订和完善相关标准、制度，做到工作有章可循。

四、明确资金渠道，保证安全环保投资

坚持管理和投资并重，不欠新账、多还旧账，进一步加大资金投入力度，优化资金投入方向。一方面，目前集团公司制定了劳保用品配备标准，但由于资金渠道不畅、资金不到位，导致劳保配备不能满足要求，建议按照劳保用品配备标准及时配备，以满足安全生产的要求。另一方面，环保隐患治理形势非常严峻，结合新《环境保护法》的要求，集团公司要明确环保隐患治理和各种废弃物处理的资金投入渠道，逐步销项环保隐患。此外，一些老企业设备老化、历史遗留问题较多，安全环保问题尤为突出，建议集团公司在资金投入上向老企业适当倾斜。

五、加强建设项目管理，确保工作合规

目前建设项目的安评、环评等批复周期普遍较长，为确保建设项目符合法律要求，建议集团公司相关决策要考虑安评、环保等批复的时间要求，按程序为项目如期建设创造条件；另一方面，根据新“两法”的要求，政府已经放权新建项目的竣工验收改由企业自己组织实施，而企业技术、人员力量不足，对相关措施的落实和相关制度的把握不准，存在验收合规隐患等问题，建议由集团公司组织相关专家进行新建项目的竣工验收工作。

启 思

贯彻新“两法”，需要有始有终的落实，更要科学合理的超前谋划。我们该如何树立“守法经营高于经济利益”的法治思维，认真学法遵法、自觉守法用法？这就需要们先“摸清家底”，认真解读新法，针对新法的立法理念、监管思路、执法方式等内容，进行梳理和解读，懂法才能守法。落实新“两法”，需要我们识别生产经营过程中存在的风险，更需要把“红线”意识落实到具体行动中。

随着中国石油在勘探开发、炼油化工、油气管道、城市燃气、危险化学品运输等领域的不断发展，装置、设备随着服役时间的延长，安全环保风险会越来越多、越来越大。安全监管的目的是要把风险控制在可接受的范围内，防止风险转化为事故事件。同时，要对安全环保工作的系统性、阶段性和复杂性保持清醒认识，切实采取有效措施，持续提升全系统的风险管控能力。

以风险管控为核心，持续提升全系统风险管控能力

——关于生产安全风险管控有关问题的思考和建议

裴玉起　吴东平

一、国家对生产安全风险防控的法律法规及要求分析

（1）新颁布的《安全生产法》确立了安全生产工作应当以人为本，坚持安全发展，坚持安全第一、预防为主、综合治理的方针，进一步明确了生产经营单位安全生产责任主体的地位，解决了企业安全生产管理部门及人员在安全生产中的职责问题，解决了安全生产在企业经营中长期存在的摆位与落实问题，是企业开展安全管理、强化风险防控的法律依据，也是企业必须遵守的法律重器。

（2）国务院国有资产监督管理委员会出台的《中央企业全面风险管理指引》和《中央企业安全生产监督管理暂行办法》中，对央企全面开展风险管理，加强安全生产风险评估以及重大危险源监控和管理等工作提出明确要求。国家安全生产监督管理总局发布的《企业安全生产风险公告六条规定》、《关于加强化工过程安全管理的指导意见》和《陆上石油天然气开采企业十条规定》等规章，从企业安全生产风险告知、建立风险管理制度、确定风险分析内容、制定可接受的风险标准等方面提出风险管控的具体要求。

二、集团公司有关生产安全风险防控的制度及管理现状分析

（1）集团公司领导和有关部门高度重视生产安全风险防控工作，持续强化安全生产责任落实。近年来，集团公司按照国家安全生产法律法规要求，将风险

防控作为HSE管理体系建设推进工作的核心内容。在落实责任制方面，大力推行“有感领导、直线责任、属地管理”理念，做到谁主管，谁负责，管工作，管安全。充分发挥“两级行政、三级业务”管理架构的优势，推进并落实管理过程和生产操作环节的危害辨识、风险评价等工作，严格监管作业许可、变更管理、承包商管理等重点环节，对加强生产安全风险受控起到了积极作用。

（2）集团公司持续完善HSE管理制度体系，指导规范企业生产安全风险防控工作。结合国家法律法规及时对集团公司现行HSE相关制度进行梳理，开展顶层设计，逐步完善和深化相关制度标准。发布实施了《安全生产管理规定》、《安全监督管理办法》、《危险化学品安全管理办法》和《交通安全管理办法》以及作业许可、动火作业等多项管理制度，对企业开展风险评估、加强风险管理提出明确要求。为对企业在风险防控技术方面提供指导，集团公司发布了《关于切实抓好安全环保风险防控能力提升工作的通知》和《生产安全风险防控管理办法》等专项管理制度，制定了《生产安全风险防控导则》及配套标准，从风险防控范围、内容、方式方法和分级防控责任落实等方面提出具体要求，对规范和指导企业开展生产安全风险防控工作起到较好的指导作用。

（3）高度重视与国际接轨，在管理理念、管理工具和管理方法等方面不断创新。近年来，集团公司积极与国际接轨，吸收、引进国际大石油公司安全管理的先进理念和管理经验，在建立完善HSE管理体系、加强受控管理的进程中，始终以HSE风险管理为核心内容，以人的不安全行为、设备设施的不安全状态为管控重点，按照主动预防、关口前移的原则，逐渐将工作重心从传统的事故管理转向过程管控，生产安全风险管控效果显著提升。

（4）探索风险防控机制，研究风险防控模式。集团公司以现行管理架构为基础，组织开展生产安全风险防控试点和模板研究。确定以“分析企业风险管理现状和存在的问题，研究建立风险防控机制与方法，为企业预防和控制生产安全事故、进行风险防控决策提供支持”为目标，以大庆油田、吉林油田、锦西石化、独山子石化、西北销售、云南销售、北京天然气管道、长城钻探、东方物探和渤海钻探等10家企业为试点，开展钻井、物探、测井、采油、修井、集输、炼油、化工、天然气管道、油库和加油站等11个专业的生产安全风险防控模板编制工作，目前，已经初步形成采油、修井、集输、钻井等专业生产安全风险防控模板，为探索风险防控的新机制、新方法，实现管理和操作环节的全面风险受控，做出了有益尝试。

三、企业生产安全风险防控存在的主要问题分析

（1）生产安全风险防控的制度缺乏针对性和可操作性。集团公司持续完善总部层面风险防控制度，从综合要求和专项要求做出规定，企业作为安全生产的责任主体，应按照集团公司规定，结合企业专业性质、专业特点、管理流程等，对集团公司的安全管理要求进行细化。但从每年发生的安全生产责任事故来看，一些企业安全管理制度标准缺乏针对性和可操作性，有的企业虽然建立了相对比较完善的安全管理制度体系框架，但与生产安全风险防控的专业化、系统化的管理要求相比，无论是深度还是广度上都还存在着差距。

（2）管理干部 HSE 履职能力不适应高风险的管理需求。集团公司所属企业生产具有生产规模大、生产链长、设备设施复杂等特点，在勘探开发、炼制加工、储运销售等生产经营过程中涉及高温高压、易燃易爆、有毒有害等危害因素，潜在的安全风险巨大，对管理干部的专业素质和业务能力要求很高。随着集团公司经营范围的拓展、国际化进程的加快以及产业链的不断延伸，特别是新技术、新工艺、新设备、新材料的不断应用，安全生产面临的风险也在不断加大，给企业管理干部 HSE 履职带来新的挑战。一些企业的生产、设备、人事等职能部门在系统掌握安全管理理念、方法、技能方面尚有差距。部分企业的主管部门在生产风险管控、岗位 HSE 技能评估以及技能提升、设备设施完整性管理等工作中，仍停留在传统的管理意识、传统的工作内容、传统的管理方法上，与集团公司持续推进的 HSE 管理体系新理念、新方法存在差距。

（3）直线责任的履行不满足 HSE 管理的要求。多数企业的生产安全风险防控管理工作职责设在安全部门，而其他管理部门的职责中很少表述管理过程的风险控制职责和内容。尽管领导给予安全管理部门一定的权利，但其在履职过程中，对同一管理层级其他部门没有管理职能和约束能力，安全管理部门掌握的资源有限，没有能力将生产安全风险防控总体工作统筹、统管起来。同时，部分企业安全管理工作人员数量少，工作量大，往往身兼多职，不能系统

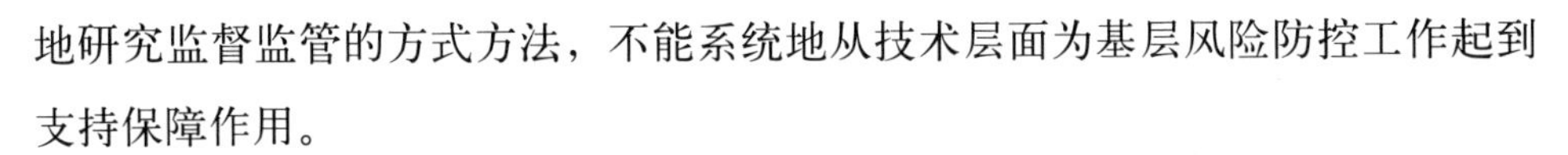

地研究监督监管的方式方法，不能系统地从技术层面为基层风险防控工作起到支持保障作用。

（4）基层单位风险防控工作的技术基础薄弱。主要表现为危害因素辨识不全面、风险评估不准确、控制措施不具体，风险管理程序、方法与标准不统一。有的辨识和评价工作流于形式，走过场，纸面化，做样子，没有针对性或没有意义。尤其是生产作业活动操作步骤分解、生产设备设施关键部位拆分不清晰，不能准确确定操作步骤或设备设施的哪些部位存在什么样的风险，影响落实到岗位操作规程、作业指导书、安全检查表和应急处置程序等具体措施上的针对性、有效性。现场调研发现一些企业存在生产作业现场操作规程与实际操作步骤明显不符，管理人员和岗位员工安全检查表的检查内容、检查频次要求基本相同、上下级通用等情况。一些安全生产责任事故的分析也表明，风险防控责任不落实，很大程度是由于基层单位风险防控工作的技术基础薄弱，基层管理干部以及管理人员缺乏必要的风险管控的知识和技能。

（5）基层员工风险控制技能明显不足。一些企业没有对生产作业岗位安全培训进行认真策划，培训内容的系统性、针对性不强，培训实效不佳。主要表现在岗位安全培训不是建立在生产作业步骤分解、设备设施拆分、危害因素辨识、风险分析与评估、风险控制措施制定的基础上，不是通过生产作业岗位安全生产需求分析来确定的，岗位员工对生产作业环节、设备设施和作业环境存在的危害因素认识不清晰，没能真正掌握风险控制的基本技能，岗位员工不清楚行为的安全要求和物的安全状态，往往成为安全事故的诱发因素。

（6）特殊作业的监控力度不够。特殊作业不同于常规作业，是在非正常生产条件下的作业，具有生产作业环境、人员等经常发生变化的特点。调研发现一些企业对常规生产作业管理有序，但对非常规作业管理粗放、随意性大，不精准、不到位，主要表现在不清楚生产管理活动的安全风险，风险管控流程不畅，对作业许可、工艺流程及变更、承包商监督监理等不严格执行集团公司规定，管理措施与责任主体不清，工艺、设备、生产以及安全等各个管理部门的界面、职责范围不清，分级管控责任不落实。分析近些年油气集输处理储运和炼化生产过程中检维修作业中发生的安全事故，安全监控不到位的诱因比较明显。

建 议

一、加强领导干部安全管理技能的专项培训

企业应结合生产特点和业务管理流程，系统策划领导干部安全管理业务的专项培训工作。结合本企业领导干部HSE履职能力评估结果，研究制定培训方案、确定培训内容、编制培训材料，分类、分层级开展企业领导干部生产安全管理知识和管理方法的培训，确保领导干部熟悉合规性要求，了解风险管控流程和内容，明确管控措施和职责，具备风险防控的专业管理能力，适应生产安全风险不断变化的业务环境，在企业安全管理制度建设、安全运行机制建设等方面发挥领导作用，在实际工作中能够有效解决业务管理中存在的各种安全生产问题。

二、强化直线责任，落实各职能部门和管理环节的风险管控措施

企业应充分重视生产管理环节对生产安全风险防控的影响，认真梳理生产管理活动中的非常规作业的管理活动，做好风险分析与评估，确定风险管控流程，明确企业各项安全管理制度制修订、作业许可、工艺流程及变更、承包商监督监理以及“四新”应用安全论证等具体管理措施与责任主体，确定工艺、设备、生产以及安全等各个管理部门的职责范围，分级落实风险管控的直线责任。

三、落实属地管理，强化生产作业活动的风险控制措施

根据常规作业和非常规作业的特点，按照生产作业步骤分解、设备设施拆分和作业环境区域划分、危害因素辨识、风险分析与评估、风险控制措施制定、属地管理责任落实的程序有序进行。采用基层员工易于掌握的方法进行危害因素辨识、风险分析与评估。常规作业风险控制措施要落实到岗位职责、操作规程、安全检查表、应急处置程序和岗位培训矩阵的制修订上。非常规作业风险控制措施要在作业计划书或作业许可措施上进一步明确，且在实施作业过程中必须落实专业监督监理的要求。

四、加强岗位员工安全操作技能的培养，强化培训矩阵应用推广

企业应建立基层岗位培训矩阵，开展符合岗位基本规定动作的培训，重点进行常规作业操作规程和非常规作业程序的实际操作训练。通过培训，使岗位员工熟悉不同危害因素所在的生产作业环节与步骤、设备设施部位与部件、作业环境

区域与位置，以及事故后果严重程度。培训师队伍建设应以基层单位为主，采取基层单位领导对班组长、班组长对岗位员工，逐步形成一级对一级的层级培训方式。要采取短课时、小范围、多形式的方式，充分利用图片、动画和案例等，提高培训质量。培训要以操作活动为基本内容，一个操作活动编制成一个课件，包括从操作活动的准备、劳保防护用品穿戴、作业站位、存在的危害、影响后果、操作步骤、安全检查表应用、应急处置程序以及岗位职责等内容。通过培训，真正提高岗位员工风险防控的技能。

五、坚持推进生产安全风险防控试点与示范，推动生产安全风险防控模板应用与推广

充分认识生产安全风险防控工作的重要意义，明确开展风险防控的重点就是提高风险管控能力。风险防控模板研究编制是一项基础性工作，虽然初期工作量较大，但只要领导重视，将管理活动和生产作业活动步骤分解、设备设施拆分和作业环境区域划分等，认真研究梳理清楚，对常规作业的危害因素辨识、风险评估和控制措施的制定，操作规程的完善，将会起到一劳永逸的作用。对非常规作业重点是分析补充新增风险，针对性制定措施。坚持推进生产安全风险防控试点与示范，推动生产安全风险防控模板应用与推广，不仅是一项风险防控的重要基础工作，而且是风险防控机制的转变。其核心是两个方面同时发力，一是管理环节的风险防控细化和责任担当，二是操作环节对身边风险的掌握和控制。这些都是植根于现场，服务于作业者的风险防控落地措施。通过生产安全风险防控试点单位的探索示范，形成企业生产安全风险防控工作的最佳实践和指南，进一步提升集团公司 HSE 管理业绩。

启 思

管理风险，控制危害，预防事故，是企业安全管理的核心内容。做到这一点，必须要有相应的“抓手”。近期，在中国石油总部层面成立集团公司安全环保监督中心，就是要按照“内外结合、专兼结合、统分结合、点面结合”的方式，创新监督机制，整合集团公司安全环保监督资源，自上而下构建不同专业的有制度、有培训、有考核、有追责的内部第三方监管模式。这种创新也一定会带动和引领企业安全风险监管模式的转变。

职业健康管理的四项主要内容是职业病预防、生理性伤害防控、心理健康和精神健康，其中，职业病预防是重中之重。职业病会对员工的健康造成极大伤害，据世界劳工组织统计，全世界每年死于职业病的人数，是工伤亡人数的6~8倍。集团公司存在职业健康危害的企事业单位111个。近年来，利用信息技术强化管理，摸清了职业健康管理家底，职业病危害因素检测率、职业健康体检率均从80%多提升到98%以上。同时，促进了大部分企业职业病的如实上报，以及职业病危害因素检测不合格作业场所的有效整改。

应用信息技术，使职业病健康管理机制更加高效

——中国石油职业健康三大风险及对策

王　戎

一、中国石油职业健康风险数据分析

中国石油职业健康风险体现出三大特点：接触毒物的员工最多、粉尘对员工健康影响最大、噪声作业场所检测点不合格率最高。中国石油员工职业健康风险数据分析如图1所示。

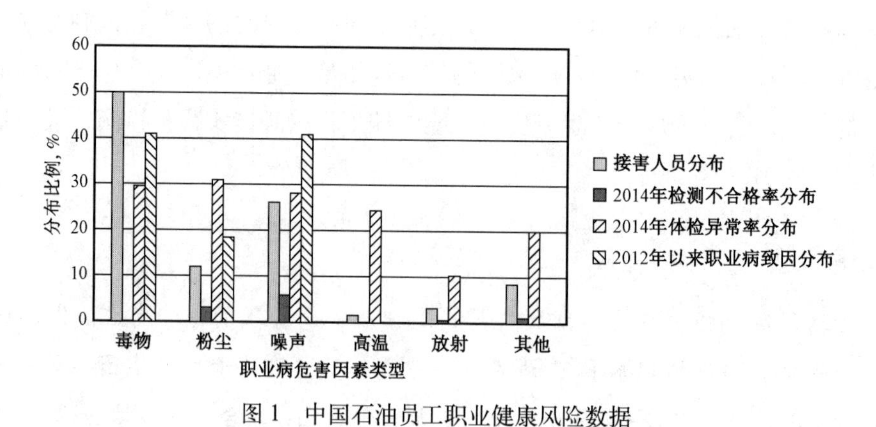

图1　中国石油员工职业健康风险数据

（一）接触毒物的员工最多

在各类职业病危害中，中国石油岗位员工接触职业病危害类别的比例由高到

低分别是毒物 50%、噪声 25%、粉尘 13%、其他 8%、放射 3%、高温 1%，即接触毒物的人员最多，有 20 万人，如图 2 所示。

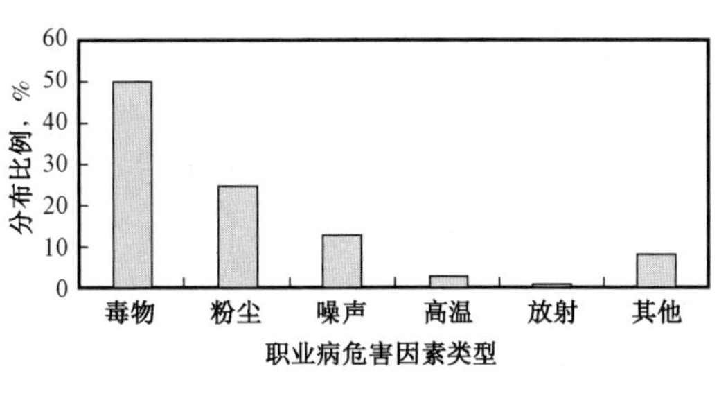

图 2 接害人员分布比例

毒物会导致员工急性中毒死亡。毒物职业病伤害，会导致苯中毒和汽油中毒等 60 种职业性化学中毒，以及白血病和膀胱癌等 11 种职业性肿瘤。在六种职业病危害类别中，只有毒物曾导致中国石油员工急性职业中毒死亡。

员工受到毒物伤害的主要原因，是作业场所存在毒物的设备设施密封不严、拆卸作业或事故状态，毒物大量泄漏，浓度升高或超标，或处在毒物浓度超标作业场所的员工，未正确佩戴防护用品，造成员工职业健康体检异常、职业禁忌、职业病或急性中毒死亡。

（二）粉尘对员工健康影响最大

2014 年，员工职业健康体检异常率由高到低分别是接触粉尘、毒物、噪声和放射性。集团公司有 5 万员工接触粉尘职业病危害，仅次于毒物，位列第二，但接触粉尘的员工职业健康体检异常率最高、职业病发病率最高，即粉尘对员工职业健康影响最大。

粉尘职业病伤害会导致尘肺和矽肺等职业性尘肺病 13 种，刺激性化学物所致慢性阻塞性肺疾病和哮喘等呼吸系统疾病 6 种。

员工受到粉尘伤害的主要原因，一是设备设施技术落后或整改不达标，造成作业场所粉尘浓度超标，如炼化企业的化肥包装生产线。二是劳动组织不合理，员工在粉尘环境下滞留时间过长，如坐在运煤传送带旁的皮带工。三是未正确使用或佩戴防护设施及用品，如电焊工等。

（三）噪声作业场所检测点不合格率最高

集团公司有 10 万岗位员工接触噪声职业病危害。2014 年，噪声检测点不合格率高于粉尘和毒物，接触噪声员工的职业健康体检异常率也处于较高水平。

新增职业病比例最高。2012 年以来，新增职业病的比例分别是噪声 38%、毒物 24%、粉尘 18%。

噪声职业病伤害除导致听觉损伤外，还会诱发失眠、肠胃病、溃疡病和心血管疾病等，造成全身损害。员工受噪声职业伤害的主要原因是机动设备功率大及维护不当等。降低噪声的工程整改措施投入高、难度大，而强化设备隔离、减少接触时间或做好个人防护更加现实。

二、各专业公司职业健康风险数据分析

集团公司 7 个专业公司中，主要职业健康风险各不相同。油气田企业主要风险是粉尘、毒物和噪声，占集团公司总尘肺病人的 31%、汽油中毒的 22%、噪声聋的 20%；工程制造企业主要风险是噪声和粉尘，占集团公司总噪声聋的 63%、尘肺的 34%；销售企业主要风险是汽油中毒，天然气与管道企业的主要风险是压缩机噪声，工程技术企业和工程建设企业的职业健康风险比较特殊，除职业病外，由于长期野外流动作业，远离城市和家人，心理健康和精神健康问题也不容忽视。专业公司员工职业健康风险数据分析如图 3 所示。

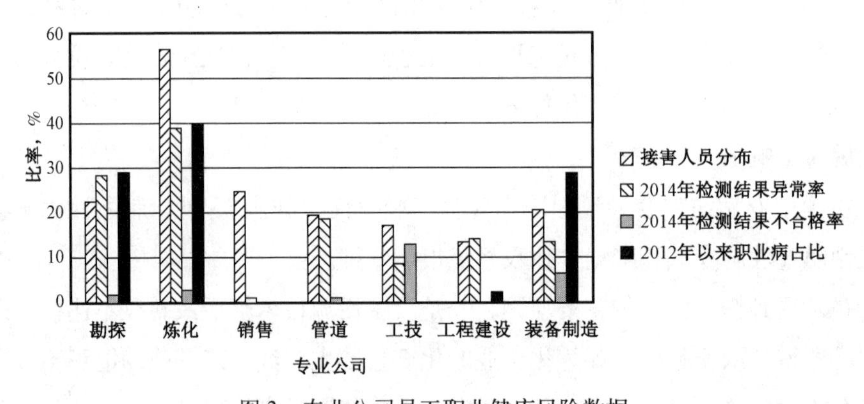

图 3　专业公司员工职业健康风险数据

炼化企业职业病危害最严重。在各专业公司中，炼化企业接触职业病危害的员工比例最高，占员工总数的 57%。炼化企业主要职业健康风险是粉尘和毒物，占集团公司近半数的尘肺，以及苯中毒、汞中毒和肿瘤等化学中毒；炼化企业职业健康体检异常率最高，职业病人数最多，炼化企业占集团公司总职业病人数的 67%。

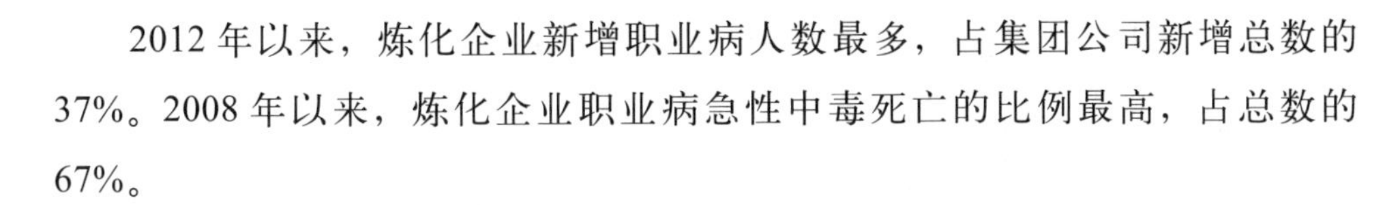
2012 年以来，炼化企业新增职业病人数最多，占集团公司新增总数的 37%。2008 年以来，炼化企业职业病急性中毒死亡的比例最高，占总数的 67%。

三、职业健康管理合规风险

（一）管理机构不足

国家要求“职业病危害严重的企业或员工超过 100 人的一般职业病危害的企业，应设置职业健康管理机构”，集团公司存在职业病危害的 111 个企事业单位中，只有部分企业设置了职业健康专门管理机构。

（二）管理人员缺乏

虽然集团公司所属企业上报 4604 个职业健康专兼职管理人员，实际上，专职管理人员非常缺乏，职业病危害最严重的炼化企业，职业健康专职管理人员大多仅有 1 人。由于职业健康专职管理人员少、工作量繁重，没有时间和精力组织对职业病危害认真进行系统的识别和评价、对员工进行有效培训等十多项职业健康系统管理工作，工作疲于应付，以至于挪威船级社为某炼化企业的风险评级报告中，健康危害识别与评价得分率仅为 4.9%，远低于安全和环保总平均的 26.8%，“在员工认可度调查时也发现，石化员工对在岗位工作时的健康不良影响非常担心”。

（三）管理制度缺项

法规要求存在职业病危害的用人单位应当制订职业病危害防治计划和实施方案，建立健全职业卫生管理制度。

根据法规要求，经与国家安全生产监督管理总局主管部门沟通，除《职业病危害项目申报制度》和《职业病危害事故处置与报告制度》不需要另行制定外，集团公司还缺少职业病防护设施维护检修等制度。

四、利用信息技术推动管理高效

自 2008 年集团公司应用 HSE 信息系统支持各项管理以来，职业健康管理的基础工作得到了很大加强，各项工作绩效都有了一定提升。

（一）利用信息技术，大幅提升检测率和体检率

作业场所职业病危害因素检测率和职业健康体检率，是职业健康管理关键的结果性指标。在 HSE 信息系统的支持下，集团公司和企业管理人员随时可在 HSE 信息系统上看到各企业检测和体检年度计划的完成情况，追踪及闭环管理都变得方便和快捷，极大地促进了企业制订计划的严肃性和完成计划的及时性，检测率和体检率逐年攀升（图 4、图 5），达到了国内先进水平。

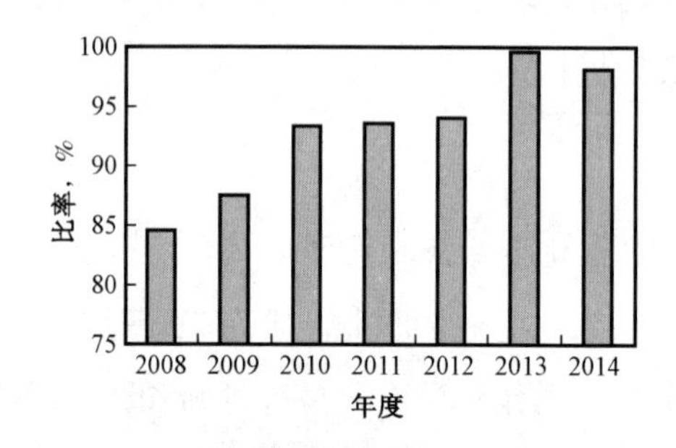

图 4　检测率随年度变化趋势

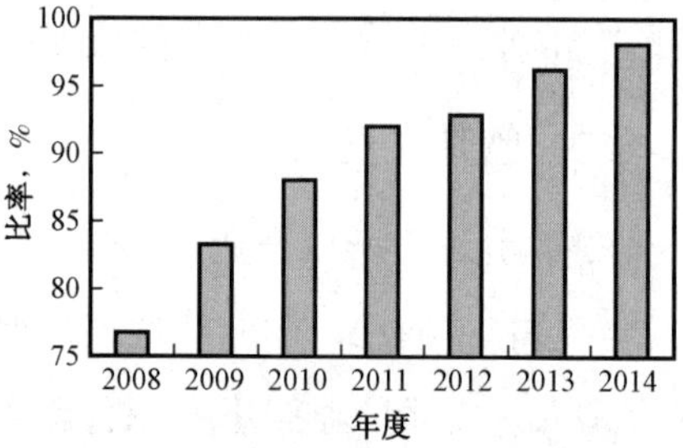

图 5　体检率随年度变化趋势

（二）利用信息技术，推动检测不合格作业场所的整改

通过 HSE 信息系统，筛查连续两年检测不合格的作业场所，进行深入的现场调研，并会同有关专业公司和企业，组织对粉尘和毒物超标问题进行了认真核查、现状分析，并查找超标原因，提出解决方案，制订临时控制措施和长远治理方案，安排整改进度，有的项目当年完成整改，有的项目列入下一年度的整改投资计划，并严密追踪，取得了良好成效。

（三）利用信息技术，提升职业病上报的真实性

鉴于种种原因，很多企业不能如实上报职业病人数，致使集团公司对职业伤害情况不能全面了解，部分员工的职业病认定、后续诊疗及相关待遇得不到很好落实。通过 HSE 信息系统，了解到职业病危害相似企业的职业病人数相差较大，经向企业反复解释集团公司政策，企业也认真走访其他部门并与本人核实，职业病上报情况得到了明显改善。

建 议

一、技术对策

一是应用信息技术。在职业病危害较重作业场所，针对需要长时间滞留观察的岗位，应用信息技术安装防爆摄像头，通过远程监控技术，观察作业场所情况，把接害人员从作业场所撤离，减少员工接触职业病危害的时间，降低职业病伤害。二是改造工艺设备。优化工艺或完善设备，减少职业病危害因素检测不合格的作业场所，或将常规作业变为应急操作，降低操作频率，减少员工的接害时间。

二、组织对策

一是增设管理机构。作为接害员工人数众多的集团公司，尤其是职业病危害严重的炼化、勘探及装备制造企业，明确企业职业健康管理机构的定编和定员十分必要。二是完善制度标准。根据法规要求，在全面承接国家法律法规的前提下，加快制定相应的职业健康管理制度标准，减少分头制定管理制度带来的成本和负担。

三、人员对策

一是增设专职人员。大型企业机关至少确定两名职业健康专职管理人员，其中一名由取得国家注册安全工程师资质的人员担任，确保有能力组织完成对本企业各作业场所的职业病危害因素进行系统辨识和评价等各项管理工作，确保管理合规。二是确定责任。根据国家对职业健康管理责任的规定，细化管理责任，便于基层检查落实和责任追溯。三是加强技能培训。加强职业健康主管领导和各级管理人员的法律法规等管理知识培训，加强岗位员工的个人防护、事故应急等非正常情况下的处置培训，提高防护意识和应急能力。四是加强个人防护监督。督促员工守好个人防护这最后一道防线，降低职业病危害，保护身体健康。

四、开展“健康守护行动”

为尽快消减职业健康的毒物、粉尘和噪声三大风险，有效落实技术、组织和人员三个对策，将在全系统开展为期一年半至两年的“健康守护行动”。通过“健康守护行动”，实现职业健康零伤害的文化飞跃。一是普及职业健康法律法规制度标准，二是提升岗位员工的自我保护意识和能力，三是有效控制作业场所职业病危害。整个行动力争做到“领导重视、全员参与，内容明确、效果直接，反馈及时、激励有效。”

启　思

在HSE体系建设过程中，一些企业都对安全和环保非常重视，但对摆在首位的职业健康工作重视不够，不能从贯彻落实科学发展观的高度，从以人为本的角度认真抓好职业健康工作。职业危害是不流血的“渐进式死亡”，据国际劳工组织统计，职业病死亡人数是工伤死亡人数的6～8倍，其危害虽不像安全生产重特大事故那样触目惊心，但其给患病职工及其家庭、社会带来的痛苦、负担和影响更大。不久前国家颁布了新修订的《职业病防治法》，国家安全生产监督管理总局去年发布了职业健康管理“一规定、四办法”，职业病防治的法制环境发生显著变化，有关部门正在探讨逐步将其纳入企业考核指标，希望各单位对此要给予高度重视。

如何做好特种设备及项目变更的风险防控

近年来，随着集团公司的快速发展，特种设备的使用数量日渐增多，尤其是长输管道、电梯等关系到国计民生的特种设备发展迅猛。这么多的特种设备，一旦发生事故，将会造成无可挽回的损失，而新的《中华人民共和国特种设备安全法》进一步明确特种设备生产、经营、使用单位是安全责任主体。由此可见，如何做好集团公司特种设备安全风险控制工作，是当前面临的重要问题。

强化主体责任落实，做好特种设备安全风险防控

——浅谈如何控制特种设备安全风险

齐俊良

一、强化《特种设备安全法》的学习，有效控制法律风险

近年来，国家不断健全完善特种设备管理的法律法规、规章制度和标准规范，特别是自 2014 年 1 月 1 日起开始施行的《中华人民共和国特种设备安全法》（以下简称《特种设备安全法》），从法律层面确立了特种设备安全管理的重要地位。为了把《特种设备安全法》落到实处，需要我们逐级进行宣贯培训，通过培训学习使大家掌握《特种设备安全法》发布实施的意义，了解企业在特种设备安全管理中的责任。该法与国务院《特种设备安全监督管理条例》相比，在生产、使用环节基础上增加了经营环节的管理；提出了设计使用全生命周期的安全理念，明确了制造单位主要承担电梯等特种设备安装、改造、修理、维护保养，并对质量安全终生负责的基本制度，建立了缺陷特种设备召回制度；明确了特种设备使用单位对不再符合安全要求的特种设备报废的责任和义务，明确了共用特种使用的责任主体，强化了使用单位自行检测的责任等。同时，对检验检测机构、行业协会、监督管理部门、各级人民政府及其他有关部门也都明确了相关的安全

责任，甚至对公众文明安全使用特种设备也提出了要求。

尤其是《特种设备安全法》没有将《特种设备安全监察条例》第一百条“压力管道设计、安装、使用的安全监督管理办法由国务院另行制定”的内容纳入，说明压力管道的设计、安装、使用也必须执行该法。《特种设备安全法》规定，压力管道的设计单位必须取得《特种设备设计许可证》，在安装、改造、重大修理时要进行监督检验，在使用前或使用后三十日内要办理使用登记，使用过程中要定期检验，从事压力管道管理、巡检维护、带压封堵、带压密封人员需要培训取证。从总体上看，《特种设备安全法》奠定了特种设备安全责任体系的法律基础，使企业能够做到依法履行责任。

二、强化特种设备规章制度建立完善，有效控制管理风险

《特种设备安全法》发布后，集团公司结合自身特种设备安全监管特点，经过多次反复讨论修改，修订了《中国石油天然气集团公司特种设备安全管理办法》(以下简称《办法》)，共七章七十九条。围绕“安全第一、预防为主、节能环保、综合治理，统一领导、分级负责、直线责任、属地管理”的原则，明确了特种设备的管理体制与职责，对特种设备采购、生产、经营、使用、停用、报废、检验、监督、事故管理和考核奖惩等做出了规定。总部机关有关部门和各专业分公司应当认真组织学习国家《特种设备安全法》，全面梳理有关制度和规定，及时修订与现行法律法规不一致的内容，做好业务范围内特种设备安全监督管理工作，保证现有规章制度合法合规。按照“一岗双责”和“管业务必须管安全、管行业必须管安全、管生产经营必须管安全”的原则，各级机关部门要结合业务实际，认真研究、贯彻落实好特种设备施工前的告知、建设期的监督检验、投运前的使用登记、运营中的定期检验和作业人员培训取证等要求，确保特种设备建设的顺利进行和合法运营。

特别是长输管道的安装告知、监督检验和定期检验既涉及调整管道建设相关程序，还涉及增加管道建设、运营期间的投资与成本。因此，有关部门和单位要认真研究，在长输管道建设中增加监督检验的投资，在日常运营中增加作业人员培训取证和按规定周期进行的定期检验成本，确保长输管道依法建设、守法运营。

三、强化特种设备安全主体责任落实，有效控制过程风险

《特种设备安全法》颁布实施后，进一步突出特种设备生产、经营、使用单位是安全责任主体，要求企业必须守法运营，合规使用，把风险降到最低。如何才能将特种设备安全生产的主体责任履行到位？就是要以“三落实、两有证、一检验、一预案”（落实管理机构、落实管理制度、落实管理人员，特种设备有使用登记证、作业人员有特种设备作业人员证，特种设备定期检验，特种设备事故应急专项预案）为基础，严格依法管理。采购单位应当采购选型、技术参数、安全性能、能效指标等符合国家或者地方有关强制性规定以及设计要求的特种设备；生产单位应当取得国家规定的相应许可，按照安全技术规范及相关标准的要求从事生产作业活动；经营单位应当销售符合安全技术规范及相关标准要求的特种设备，随机附件和随机文件齐全；使用单位应当在特种设备投入使用前或者投入使用后三十日内按规定办理使用登记，取得使用登记证书；停用、报废与处置应当以书面形式向地方政府特种设备安全监督管理部门办理相关手续；检验应当在检验合格有效期届满前 1 个月向特种设备检验机构提出定期检验要求，并向检验机构及其检验人员提供特种设备相关资料和必要的检验条件。

四、强化特种设备隐患排查整治，有效控制本质安全风险

为了确保集团公司特种设备安全平稳运行，提高专业管理水平，总部每年都组织所属企业进行特种设备安全管理专项督查。从督查的效果看，有的企业发生了明显变化，从无组织机构、无管理人员、不懂特种设备安全管理到目前能够做到组织机构健全、管理制度健全并能懂法守法。但部分企业仍然存在：特种设备管理力量配备不足，未明确特种设备管理部门和人员，职责不明；安全生产责任制和规章制度不够健全，缺乏定期的日常检查，也没有事故应急预案及演练；部分特种设备操作人员未经培训上岗，违规操作特种设备；注册登记率不高，现场使用的特种设备还未注册办证；特种设备缺少运行保养记录、未建立特种设备档案、购置的设备技术资料不齐全等问题还相当普遍。

特别是要针对压力管道开展好隐患排查治理工作，一是落实《特种设备安全法》的新规定，二是落实《国务院安全生产委员会关于深入开展油气输送管道隐

患整治攻坚战的通知》的文件精神，三是落实《质检总局关于印发质检系统开展油气输送管道隐患整治攻坚战工作方案的通知》（国质检特〔2015〕130号）的要求。要组织进行全面的压力管道安全大检查活动，通过采取实地踏勘、现场检测等方式，对压力管道及附属设施进行全面的隐患排查，对压力管道基础信息及检验情况进行调查摸底，分类梳理存在的问题，建立管理台账，制订隐患治理和定期检验计划，全面落实《特种设备安全法》及《石油天然气管道保护法》有关要求。

五、强化科技创新与先进技术应用，有效控制潜在风险

集团公司使用的特种设备具有种类全（八大类）、分布广（遍布全国）、数量多（锅炉容器等数量占全国的3%、气瓶数量占全国的1%、长输管道长度占全国的80%）、风险高（高温高压、有毒有害、易燃易爆）、连续作业等特点，一旦发生事故，不仅会造成人员伤亡和财产损失，而且对社会和环境也会产生严重的影响。随着我国社会经济的快速发展、城市化和人民生活水平的快速提高，广大人民群众对特种设备的安全状况更加关注，风险意识不断提高。在民生方面，采暖锅炉、液化石油气钢瓶、城市公用管道等承压类特种设备进入千家万户，电梯、车用燃气气瓶、大型游乐设施和客运索道等特种设备与广大人民群众的日常出行和休闲娱乐等密切相关。在生产方面，特种设备新产品的不断涌现，对法规、标准的适应性提出了更高要求；长输油气管道和大型炼化装置、电站锅炉等成套装置长周期运行，对设备安全管理技术和方法、设备可靠性、在线或不拆保温层检测技术等提出了新的挑战。因此，首先要开展特种设备科学监管等软科学研究，为全面探索建立特种设备科学监管技术体系打下基础。其次要围绕生命线工程（长输油气管道、城市管网以及战略储备用大型储油罐）和大型炼化装置开展安全风险分析技术、寿命评价技术和检测监测技术以及动态监管技术的研究，为提高特种设备的安全保障能力、复杂技术问题解决能力奠定基础。

目前，集团公司正在运行的特种设备数量多、种类多。要充分利用集团公司HSE信息系统建立完善特种设备管理台账，对未录入信息系统的数据要及时补

录，已经报废或停用的要及时变更状态，动态填报检验信息，实现各级管理动态监管。对于未列入国家特种设备目录的危险性较大的高风险加热炉、电脱水器、灰罐、常压锅炉等设备也要参照特种设备进行管理，特别是新修订的《特种设备目录》施行后，汽车吊、随车吊、轻小型起重机等不再列入目录的设备，使用风险仍然存在，必须明确管理部门，以及建档、检验、培训、检查等日常管理要求。

启　思

特种设备安全管理从《特种设备安全监察条例》到《特种设备安全法》的变化，不仅体现出法规层次的提高和国家重视程度的提高，也标志着特种设备安全工作向科学化、法制化方向迈进了一大步。《特种设备安全法》确立了“企业承担安全主体责任、政府履行安全监管职责和社会发挥监督作用”三位一体的特种设备安全工作新模式，特别是压力管道建设期监督检验、运营中定期检验和作业人员培训取证等要求已经纳入法律范畴，企业要做到依法治安、守法经营，必将增加一定的管道建设和运营成本。这种代价是必须要承受的，也是要适应的。

按照相关法律法规规定，建设项目环境影响评价文件、安全预评价报告、安全设施设计专篇等法定文件获得批复后，建设项目如发生重大变更，建设单位应当按程序重新报批工程变更环评、安评、安全专篇，对工程变更后安全环保符合性进行论证，提出相关安全环保措施。

加强过程监督，明确重大变更判别标准和管理程序

——建设项目工程变更安全环保风险分析报告

集团公司安全环保与节能部技术处

一、风险源概述

建设项目在环境影响评价文件、安全预评价报告、安全设施设计专篇等安全环保法定文件经政府有关部门批准后，部分项目在工程设计和建设阶段，建设单位对项目性质、规模、地点、采用的生产工艺或者安全环保措施等进行部分调整和变更，产生与上述批复不一致的情形。

对于集团公司所属企业来说，油气田开发建设项目、长输油气管道建设项目和炼油化工建设项目易发生工程变更，比如安全环保评价文件获得批复后，油气田项目钻井位置、井数、产能、安全环保措施等发生变更，管道项目路由、站场位置、穿跨越方式、涉及环境敏感区工程内容、安全环保措施等发生变更；炼化项目装置规模、装置组成、安全环保措施等发生变更。

二、可能产生后果

（一）影响项目合规管理

工程变更若未依法申办变更安全环保审批手续，建设项目核准、建设、验收、运行等将面临违法风险。管道项目发生重大变更，未及时办理变更安全评价手续，在申请安全条件审查时，受理前提条件之一的项目核准文件已过有效期，导致无法履行相应程序。管道项目由于站场位置、局部路由或者部分隧道位置发生重大变更，未及时办理变更环评手续，在工程建成后无法通过环保验收评估。

（二）受到安全环保处罚

依据相关法规，建设项目擅自变更未批先建，相关行政主管部门可责令停止建设、恢复原状、责任停止生产等处罚措施。相关部门还可以对相关责任人进行责任追究，如果违法性质严重，存在被责令停止建设后仍然继续建设的行为，相关责任人员将面临刑事处罚。

（三）投产后存在安全环保隐患

建设项目环境影响评价文件、安全预评价报告、安全设施设计专篇等法定文件获得批复，都是经过专家论证及政府部门依法审查的，其安全环保措施具有可靠性，建设项目投产后的安全环保风险可控。但是，如果未经论证和审批，在设计和建设阶段随意更改相关批复要求，项目投产后将存在重大安全环保隐患，极易发生超标排放、安全事故隐患、潜在污染和生态破坏风险。

三、原因分析

工程变更有客观原因和主观原因。客观原因方面，安全环保评价工作在可研阶段开展，工程方案多为初步方案，许多细节尚未确定，在设计建设阶段，随着工作的逐步深入，以及受地方规划、建设用地、其他工程、工艺技术路线等因素影响，工程方案会发生变更；主观原因方面，建设项目安全环保评价批复后，个别单位对批复的法律严肃性认识不到位，在设计和建设中未经批准擅自变更相关要求，变更后未能及时履行报批手续，有的甚至出现不符合安全环保法规标准的变更。具体原因分析如下。

（一）可研与设计、安全环保评价衔接不够

项目建设单位、评价单位和设计单位没有很好地沟通和协调，未对安全环保措施进行充分比选论证，安全环保要求也未有效纳入可研和设计文件中，导致安全环保批复要求在项目实施过程中不能有效落实。特别是管道建设项目，路由方案受多种因素制约和影响，但方案多考虑技术经济性、地方规划符合性和施工难易程度，路由选择时与安全环保评价专业单位沟通不够，路由多方案比选时未进行充分安全环保论证，导致报批安全环保评价时的工程方案不具有可行性，工程方案综合论证不够充分。

（二）工程方案变更频繁，安全环保制约未得到重视

建设项目在可研、设计和建设中，工程方案变更较多，变更未能充分考虑安全环保方面的制约因素，安全环保评价往往随着工程变更被动进行评价，而有的在变更后未及时报批安全环保评价文件。特别是油气田开发项目，受到勘探工作深度限制，具有滚动开发特点，安全环保评价文件中的井位布置、回注井设置、产能产量、污水产生量与开发方案及批复常常有所变化，有的变化较大，工程方案的调整未能充分考虑安全环保影响，安全环保评价也未能及时提出有关建议。

（三）变更安全环保管理存在薄弱环节

建设项目单位在项目实施中片面追求建设进度，未能充分了解掌握重大变更界定，盲目更改已批复的安全环保措施和工程方案。同时，过程管控力度不够，对设计单位、建设单位执行安全环保评价批复要求的监管不到位，审查审批设计文件、施工方案把关不严。管道项目在设计和建设中路由变更穿越环境敏感区，变更安全环保评价文件难以获得批准。炼油化工项目的设计单位未严格执行批复要求，仅依据自身以往设计经验和技术商保证值进行设计，安全环保措施不落实、安全环保不达标。

建　议

一、加强建设项目过程监督

完善建设项目安全环保全过程监管机制，对于关键环节、重点方案进行严格督查，建立建设项目全过程安全环保合规管理责任制。强化项目设计责任管理，工程文件审查审批部门严格执行安全环保法规和批复文件，不符合批复要求的，不批准其设计文件；加强开工建设方案的安全环保管理，对照安全环保批复要求，细化施工建设管理程序和监管要求。

二、明确重大变更判别标准和管理程序

按照国家相关法规规定，结合工程方案变更情形、安全环保影响、风险防控措施，进行专题研究和现场试验，进一步细化和明确界定油气田、管道、石化等项目的重大变更判定具体标准以及相关安全环保评价报批管理程序，项目建设单位严格执行工程重大变更安全环保判别、论证、报批程序，杜绝擅自变更和未批先建，确保建设项目合规建设和运行。

启 思

由于建设项目的建设周期一般相对较长，短的也要半年一年，长的要二三年，特别是一些区域性开发项目和能源基础设施类建设项目，甚至要五年或更长时间，对建设项目的“三同时”跟踪管理难度较大，存在着不利管理的客观条件。因此，必须加强项目前期论证、工程设计、施工建设、试运行、竣工验收等全过程监管，严格执行安全环保管理程序，强化变更管理，增强安全环保法律红线意识，杜绝“未批先建”、“未验先投”，实现“零违规”。

随着新《安全生产法》和《环境保护法》的深入实施，集团公司及所属企业面临的法律环境、安全生产要求以及社会相关利益者的诉求都发生了很大变化。特别是近两年来，在个别企业、地区，原来认为不会产生负面影响的泄漏、着火等事件，由于对安全环保要求不敏感，信息公开不及时，加上一些媒体的负面炒作，已经给企业带来了严重的负面影响，有的甚至还引起了高层领导的关注。因此，在全面加强安全生产基础工作，强化企业危机管理的同时，有必要对集团公司应急保障能力进行系统分析，查找薄弱环节，尽快扭转处置不及时、救援能力不足等导致的被动工作局面，从而，有针对性地系统做好事故预防和应急准备工作。

查找薄弱环节，做好事故预防和应急准备工作

——集团公司应急物资装备布点需求状况及建设分析

集团公司安全环保与节能部应急管理处

在国家“一案三制”应急管理体系建设原则指导下，集团公司应急预案、组织体系、制度规范不断完善，应急救援队伍、物资装备等准备能力不断加强，在2012年“11.11”庆铁管道泄漏、2014年“6.30”管道破坏泄漏等一些重大事故事件应急处置中发挥了重要作用，为集团公司安全生产和局势稳定做出了重要贡献。

一、集团公司应急物资保障能力存在的主要问题

为了摸清企业应急物资装备现有能力和布点建设需求意向，2014年下半年安全环保与节能部专门发函，对企业应急物资布点及需求进行了调查。同时，委托安全环保研究院组织有关专家，对西南管道、吉林油田、长庆油田等重点企业及区域进行了现场调研，提出了地区溢油应急物资储备分析表。通过调研和组织专家分析，认为集团公司应急保障能力建设仍处于自发模式和初级阶段，能力准备不足、管理体制机制不适应等问题普遍存在，还没有形成与集团公司应对突发事件要求相适应的总体布局，现有物资装备储备能力还不能满足应对突发事件时

的快速调用和有效使用的应急要求。突出表现在以下两个方面。

（一）专业应急物资装备保障体系亟待完善

（1）在井控应急救援保障能力建设方面。目前集团公司井控应急救援响应中心基本可以立足川渝地区，满足对西南油气田区域的井控救援。但是，由于路途和专家数量等限制，井控应急救援响应中心难以对塔里木油田、新疆油田等西部地区和大庆、辽河、华北等东部地区油气田井控提供快速有效的应急救援队伍保障。各地区公司现有应急井控队伍、装备能力还不具备应对井喷失控着火等重特大事故应急能力。2007年以来，东部的吉林、辽河、大港、华北，西部的塔里木、青海等多次发生井喷失控险情，也发生过失控着火事故。尤其是塔里木油田的“三高”和东部油区的“两浅”井，加之大港、华北天然气储气库的建成投产，井喷风险、高压高含硫井喷事故风险概率增加。2015年4月30日工程技术分公司HSE管理体系审核报告显示，集团公司近年来平均每年发生井控溢流险情××次，且在高含硫的塔里木、川渝地区占到70%以上，如果有一次处置不当，就有可能酿成重大影响的井喷事故。

（2）在油气管道、管网现有应急救援保障方面，一是依托中国石油天然气管道局（以下简称管道局）廊坊、沈阳和西安三个维抢修中心，设立了集团公司级管道应急救援响应中心（1+2）；二是天然气与管道分公司按照管道运营需求和业务发展能力建设，建立并不断完善管道运营保驾抢维修体系；三是部分油气田、炼化企业自建了管道运营抢维修队伍，或与有关施工单位签订了抢维修应急保障协议。但从集团公司层面应急能力看，还没有建立区域性应急物资装备储备体系，不能满足应急时的紧急调用要求。同时，随着中俄、中哈、中缅国际油气大通道建设投产，加之国内原油天然气和成品管道的迅速延伸，东北、西北、西南等地区的专业管道应急队伍保障能力也亟待提高。

另外，近年来由于管道溢油事故处于高发多发态势，国务院2014年10月专门成立管道隐患排查治理领导小组，极大地提升了对油气管道泄漏事故的风险管控级别。目前，集团公司除在紧急状态下能够调用环境监测队伍进行现场监测外，还没有建立专业的环境应急处置队伍，目前的管道抢维修队伍也不具备溢油回收、处置及环境恢复等应急能力。

（二）溢油及水体污染应急物资装备储备严重不足

从集团公司已经投入运营和在建的管道布局来看，管道泄漏风险对东北的松花江流域、辽河和环渤海地区、黄河、长江以及云贵高原水系将可能构成严重威胁，加之毗邻江河湖海的油气田、炼化、销售等企业的泄漏风险，增加了安全环保风险管控难度。新的《安全生产法》和《环境保护法》的实施，特别是国务院对管道事故的升级管理要求，给溢油应急工作带来更大压力，必须引起我们对溢油及水体污染事件应急处置的高度重视。

为了认真吸取2013年青岛“11.22”管道泄漏爆炸事故的教训，及时有效地开展油气泄漏应急处置，最大限度遏制人员伤亡、控制环境污染和降低社会影响，亟须从集团公司层面上对管道应急抢险及次生的安全环境事故（件）灾害应急进行整体考虑、重点布局，形成一个“基层有效处置、地区快速响应、集团公司有效应对”的应急物资保障体系。

（三）应急救援区域联动的布局需稳步推进

中国石油伴随着业务发展形成了井控、海上、管道三大救援中心及消防和管道两大应急救援体系，为集团公司应急区域救援联动奠定了很好的基础。

井控应急救援响应中心依托川庆钻探公司，对应对川渝地区“三高”油气井失控事故发挥重要作业。但是，近几年西部塔里木油田的“三高”、东部油区的“两浅”井控问题，也已经十分突出，依靠自身的应急救援能力已经难以及时有效应对失控后的救援需求；海上应急救援响应中心近年来主要承担了陆上及沿海企业突发事件溢油处置工作，在遏制由生产安全事故引发的环境污染事件方面发挥了重要保障作用。但是，由于中心位于渤海湾地区，对陆上腹地涉水企业的应急覆盖能力有限；在管道应急救援响应中心建设方面，集团公司依托管道局的维抢修公司，明确了以廊坊为中心，下辖沈阳、西安两个分中心。但是，在应对较大规模水体溢油事故及应急物资储备布点等方面，仍然满足不了油气管网快速发展的要求。

管道应急救援响应中心的建设同天然气与管道板块业务的维抢修体系形成了互补。但是，根据2014年对东北地区、管道应急救援响应中心和西南管道等部分单位调研情况分析，企业现有的溢油应急资源储备以小型设备和通用物资为主，只能应对小型溢油事故，不能满足较大规模或较大水体溢油事故应急需要。

在“12.30”、“7.16”、“11.11”、“6.30”等溢油事故应急中，由于企业自储及周边地区应急设备物资储备严重不足，紧急调运了大量生产企业的应急设备和物资，临时采取紧急协调直升机等手段。从应急物资生产企业分布看，社会上生产溢油应急物资的企业主要集中在山东、江浙等地，东北、西北、西南等地区的社会依托企业极其有限。而我们的企业大部分在这些社会依托差的地区，特别是西南、西北这些地区一旦发生较大事故，从目前的应急物资储备能力看，就不得不选择长途运送及非常规调运手段，很可能因储备不足不能满足应急要求，或由于时间关系贻误战机。

建 议

一、应急保障能力建设

从应急保障能力建设考虑，主要先集中在井控、管道两大救援体系方面，以现有中心、分中心建设为依托，配备相应的物资装备。在井控应急救援方面，以三级井控救援体系为依托，分级制定井控应急配备标准，经专家讨论后申报，以撬装式集装箱对各区域钻井队进行布点；在管道应急救援方面，与国家专项应急资金政策相配合，立足现有管道应急救援响应中心和管道维抢修体系应急能力，加快管道专业应急救援物资装备能力配备。

二、区域溢油应急物资储备

对陆上区域溢油及水体污染应急物资装备储备，建议按照“整体规划、重点突破、统一配置、代储管理、协调联用”原则开展区域溢油应急物资储备工作。即集团公司统一规划溢油应急物资区域储备方案，统一制定溢油应急物资采购计划，指导溢油应急物资采购配备工作，委托所属企业或应急队伍负责区域溢油应急物资日常管理，总部负责协调调度区域溢油应急物资。区域溢油应急物资装备储备立足现有队伍和设施，尽量做到不新建仓库，不增加人员编制。

考虑到集团公司整体布局和重要企业分布现状，结合企业需求慎报、专家调研分析，在不增加场地、人员等附加条件情况下，首先建议在已经出现过事故的东北的松花江流域、西部的黄河流域，以及存在高后果的华北、西南地区，选择4～5个企业进行溢油应急物资装备布点。

启　思

石油石化行业属于高危行业，企业各类突发事件时有发生，要求我们能够快速控制并消除事故的危害，最大限度地保障员工生命安全和企业财产安全，而建立与完善应急机制是处置突发性事故的重要前提条件，是加强和优化应急救援力量建设的有效途径，也是提高应急救援能力的有效手段。

应急物资储备是完善应急管理，加强应急能力建设的重要一环，因此企业建立应急物资储备体系是完善应急管理的一项重要措施。它将会使企业在面临突发事件时，进一步缩短反应时间，提高处置效率，实现保障有力的目标，搭建起一条可靠的“生命保障线”。

如何加强环保风险防控与污染源监测

配合新《环境保护法》的正式实施，最高人民法院、公安部、环境保护部都陆续出台实施细则，确保“史上最严”的《环境保护法》施展出“史上最强”的执行力。要全面树立“保护优先、预防为主、综合治理”的理念，更加注重源头严防、过程严管、后果严惩，形成全方位防治污染和保护生态的合力。

源头严防、过程严管、后果严惩，全方位形成环保风险监管合力

——对加强环保风险防控的一点思考

卢明霞

集团公司属于高污染、高风险行业，存在六大环保风险要素，历史遗留环保隐患多，企业超标和违法现象时有发生，以前主要靠协调解决问题，新《环境保护法》实施后，各级环保部门对企业依法合规的要求开始“动真格”，企业明显感到不适应。2015 年集团公司下属企业受到各级环保部门的行政处罚数量大幅增长，被处以“按日计罚”的企业也屡见不鲜，多起环保负面新闻给集团公司形象带来了损害。

如 2015 年 1 月主流媒体集中报道某企业多次非法排污事件后，该企业感到大为不解，作为当地龙头支柱企业，该企业为当地经济发展做出了重要贡献，政府岂能因火炬冒点黑烟、危废处理处置不合规这些小细节就让企业如此难堪？企业感到不适应；如 2015 年 3 月以来媒体频频报道某油田原油泄漏事件，导致小泄漏事件层层发酵，甚至引起了中央领导关注，使企业处以十分被动的局面，企业对媒体公众的“零容忍”感到不适应；还有企业认为政府部门执法不讲情理，现场检查作风强硬，不听企业解释，对违法排放行为丝毫不通融，企业以前习以为常的“应急处置手段”被通报、处罚，感到不适应。

从客观上说，对于2015年这些环保事件的发生我们也不能排除其他外因影响，但我认为企业的环保违法行为是存在的，也就是说这些环保事件的发生归根结底还是存在内因，如果企业“眼睛只朝外看”，不能正确认识到自身的问题，就会表现出不适应和不认同。以上举例提到的这些企业在初期的不适应后还是认真进行了整改，尤其是企业的主要领导对环保的认识和观念发生了转变，这一点至关重要。

近十年来，集团公司投入了大量资金用于环保减排治理和环境风险防控项目建设，尤其是“十二五”以来，环保投入力度之大、减排措施之多、指标考核之严都是前所未有，我们在欣喜地看到取得的整体成效的同时，一些“不协调”的现象也是令人扼腕，个别企业不仅没有进步，反而出现了倒退。我们通过审核评估发现，现在企业环保水平的差距在不断加大，最差的企业环保问题层出不穷，可谓是“四面开花”，多个排放口不能达标，环保管理粗放，甚至在实施治理工程后仍然长时间不能满足要求，而好的企业环保治理规划井然有序，各项治理工程按期到位，各项管理台账精细完整，将超标排放视为事故进行严格考核管理，不仅实现了全面稳定达标排放，而且为集团公司完成总量指标做出了重要贡献。这一好一坏的企业之间，不是差在了环保投入资金和治理技术上，而是体现出了守法意识、管理水平的巨大反差。在当今社会，不重视环保表现的企业发展将难以为继，举步维艰，危机四伏。

新《环境保护法》实施后，各级领导和管理部门都普遍学习了新环保法的条文内容，但有些企业不是对照新《环境保护法》查摆问题、识别法律风险，而是仍然停留在开会和写文件时对环保定位很高，但在工作安排上能拖就拖，甚至仍然心存侥幸，想方设法掩盖问题，对历史遗留的环保隐患和以前习以为常的违法行为找理由、找借口，整改停滞不前，个别企业被处以“按日计罚”后仍不抓紧整改，领导仍不重视，满足于减少罚款额度的协调结果，将整改计划一直安排到2017年。

企业存在环境风险并不可怕，可怕的是不能主动识别风险，不能落实环保责任，不能充分汲取教训，不能及时进行整改，不能主动适应新法和新形势要求。这样的企业令人痛心！

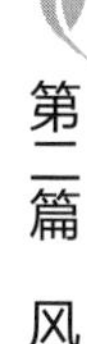

2014年以来，安全环保与节能部出台了一系列制度文件，关口前移，加强了对环保过程管理的管控，加大了业绩考核处罚扣分力度，真罚真扣对企业形成了震慑。针对企业目前仍存在不作为的现象以及一些抵触、畏难情绪，为促使企业从被动适应到主动作为，尽快适应当前的环保新常态，我们仍须不断创新工作方法，形成抓实抓严环保管理的良好机制。

建　议

一是建立更为合理的环保先进企业评选办法。目前集团公司环保先进企业评选虽然有评分机制，但不能达到激励先进的效果，一些企业积累的环保隐患多、整改不力，但只要不被曝光仍能评上先进，一些企业环保管理薄弱，缺乏环保管理的专业人员，但因为有指标也能轮流当上先进企业。长此以往，环保先进企业的招牌失去了含金量，也就不能为管理提升做出有效支撑。建议改变评分办法，将先进企业的评分考核立足于企业环保管理水平的持续提升和环保业绩的持续改进上，不仅要横向评比，更要纵向评比，也就是自己和自己比，鼓励企业多查摆问题，积极进行整改。具体做法是：如评选2015年先进时，可将2014年作为基准年，将各企业对查摆环保问题的数量以及整改完成率作为重点，对管理能力的持续提升进行综合评估，结合考虑企业的管理难度等要素打分排名，进步大、得分高的企业被评上环保先进企业，以此达到激励企业主动作为的效果，不作为的企业不能评选环保先进企业。

二是加大学习培训力度。习惯的转变和能力的培养需要长期的培训，针对不同层级、不同专业人员定期开展安全环保培训，不断灌输安全环保理念和重要的管理方法，经常念、反复念，促使各级领导和其他专业管理人员重视、思考安全环保问题，提高对安全环保管理的认知度和认可度。

三是完善环境风险评估制度。现在的管理制度不缺数量和质量，缺的就是执行力，建议建立规章制度评估体系，定期对各级管理制度的执行落实情况进行评估，查找责任不落实、规定不执行的症结，完善集团公司环境风险评估机制和具体评估方法，将企业环境风险评估工作纳入考核。

四是打造高水平的监督队伍。目前集团公司仍然处在严格监管阶段，必须要有一支专业的、高水平的监督队伍，能够发现企业存在的重大和突出问题，发现企业风险防控的短板并提出整改建议。挪威船级社对石化企业的评估团队成员全都有石油石化企业现场工作经验，经过理论和方法的培训后，这些人员就能组成一个高水平的团队。建议在集团公司监督中心组建时，制订专家养成计划，重点培养现场工作经验丰富的专家，有了高水平的、专业的监督队伍，监督中心就能充分发挥好严格监管的作用。

五是进一步严格执行考核制度。充分利用好在线监测监控平台，对不达标的企业实行一刀切的“零容忍”，只要出现超标就要通报批评、曝光，不整改的考核扣分，要对被处以“按日计罚”的企业加重处罚，杜绝企业说情和找借口，加速解决企业超标整改不力的现状。新环保法实施后，中共中央办公厅、国务院办公厅、环境保护部出台了一系列加强环保执法、加大环保考核处罚的制度，对生态破坏和环境污染的行为坚决说不，面对国家“铁腕治污”、“高压严管”的态势，难道我们企业不更应该“动真格”吗？

启　思

“要下决心用硬措施完成硬任务，要像对贫困宣战一样，坚决向污染宣战”。这是李克强总理在工作报告中的明确要求。当前，企业本身长期积累的环保历史欠账与新增污染物排放量持续增长的问题相互交织，海外业务发展也面临资源国提高环境准入门槛、发展中国家环保政策调整等因素的强力制约，环保问题成为集团公司走向科学发展的最大挑战。这其中，必须要用污染减排统领整体环保工作，采用倒逼机制进一步挖掘减排潜力，这方面还有大量艰苦卓绝的工作。

要强化“超标就是事故、超排就是违法”的意识，进一步加强结构减排，加大关停淘汰力度，对不符合环保要求的落后生产工艺，实施关停。加快工程减排进度，继续实施周调度和月总结，及时发布风险预警名单，确保重点减排项目顺利建成投运。加大污染减排考核力度，对重大问题挂牌督办，对问题突出的企业约谈主要领导，督促减排措施落实，确保考核指标完成。

树立责任意识，严格风险预警，确保完成污染减排任务

——有关污染减排问题的思考与建议

岳留强

2011年12月，受国务院委托，国家环境保护部与集团公司签署《“十二五”主要污染物总量削减目标责任书》，要求集团公司2015年比2010年化学需氧量和二氧化硫排放总量分别减少12%，氨氮和氮氧化物排放总量分别减少10%。同时提出完成20项废水治理工程和22项废气治理工程，以及八条相关管理要求。

一、对照责任书完成情况

根据国家环境保护部年度核查结果，集团公司2014年与2010年相比，化学需氧量、氨氮、二氧化硫、氮氧化物排放量分别下降8.70%、10.76%、18.60%、4.60%，分别完成了“十二五”减排任务的72%、108%、155%、46%，氨氮、二氧化硫排放量提前完成“十二五”污染减排目标。国家环境保护部责任书考核44项重点治理项目，已全部完成并投运。

国家环境保护部《“十二五”主要污染物总量削减目标责任书》的管理要求，包括“2015年，现有催化裂化装置全面实施烟气脱硫改造；改进尾气硫回收工艺，提高硫磺回收率，二氧化硫排放浓度不能稳定达标的，建设硫磺回收尾气脱硫设施”；“现役燃煤锅炉必须安装脱硫设施，不能稳定达标排放的进行升级改造或淘汰。所有燃煤机组必须采取高效低氮燃烧技术，……确保稳定达标排放”

等内容。与其对照，集团公司须按照完成时间、处理技术和运行效果，实施污染治理工程。目前，有些企业工程实施滞后，甚至没有计划安排，不能完全满足国家“十二五”考核要求，集团公司全面完成污染减排任务还存在风险。

二、主要问题表现

（一）关于催化裂化再生烟气治理

集团公司已完成29套催化裂化装置再生烟气脱硫，除排放浓度低、停工的装置没有脱硫改造外，其余催化裂化装置预计在2015年底完成再生烟气脱硫改造。目前部分催化裂化装置再生烟气氮氧化物排放不能稳定达标，且排放浓度有较大波动。

（二）关于硫磺回收尾气治理

集团公司硫磺回收装置中,炼化企业普遍采取二级劳斯+尾气还原吸收工艺，油气田天然气净化厂采用常规克劳斯、延伸克劳斯、克劳斯＋尾气加氢还原处理硫磺回收尾气。部分炼化企业硫磺回收装置及天然气净化厂硫磺回收装置运行不正常，二氧化硫超标排放。

（三）关于锅炉烟气治理

集团公司目前已关停23台燃煤锅炉、4台燃油气锅炉，计划关停或停用8台燃煤锅炉、6台燃油气锅炉。按照脱硫、脱硝改造实施计划，2015年底大部分锅炉可完成脱硫、脱硝设施建设。目前尚有部分锅炉未落实改造计划，部分锅炉已建脱硫脱硝设施，但运行不稳定，存在超标排放现象。

（四）关于排放标准提高

新修订的《火电厂大气污染物排放标准》（GB 13223—2011）已于2014年7月1日起施行，部分已建锅炉脱硫设施达不到新标要求；2015年10月1日起，现有65t/h及以下锅炉开始执行更为严格的《锅炉大气污染物排放标准》（GB 13271—2014），2015年4月发布的《石油炼制工业污染物排放标准》（GB 31570—2015）已开始实施，企业将面临达标升级改造局面。

建 议

一、责任意识是健康开展污染减排的根本基础

集团公司领导与各专业分公司主要负责人签订了污染减排目标责任书，将主要污染物总量控制指标、污染减排工程及有关管理要求分解到各专业公司，并将四项污染物排放总量控制指标全部纳入企业主要负责人年度绩效考核。各专业分公司将减排指标及任务层层落实到各企业，并督办企业实施进展。而企业主要负责人只有确立污染减排责任意识，切实落实各项污染减排措施，才能更好地推进污染减排工作健康开展。

2013 年集团公司由于没有完成污染减排指标而被国家环境保护部环评限批后，企业领导高度重视国家环境保护部考核的重点工程，挂牌督办，确保了责任书工程按期完成并投运。但有些企业对待污染减排工作仍然认识不到位，缺乏责任意识，对纳入集团公司重点污染减排调度的工程，重视程度不够，实施力度薄弱，导致治理工程进展迟缓，即使投运的减排工程效果与年度计划预期的减排量大打折扣，给完成污染减排指标带来风险。

就污染减排工作而言，集团公司部门监管、专业分公司管理、企业是第一责任主体。企业主要负责人应当承担确保按期完成污染减排指标及项目的责任，将污染减排实施进展纳入风险预警管理中。企业污染减排业绩考核，不仅仅体现在指标和项目上，而应与企业领导职务变动挂钩，充分体现企业主动减排的责任意识。

二、达标排放是通过污染减排核查的先决条件

纵观国家环境保护部每年对集团公司污染减排核查核算方式，2012 年重点核查污染减排指标完成情况，2013 年重点核查污染减排工程完成情况，2014 年则提出污染物排放达标是核定工程减排效率的基础，并采用企业污染源在线监测数据佐证污染物排放情况，若在线数据异常、缺失，则均按照不能稳定达标处理，并扣减污染减排效率，影响预期减排量。2015 年将在核查污染减排指标、重点减排工程完成情况的同时，全面核查《“十二五”主要污染物总量削减目标责任书》的管理要求，特别是提到确保催化裂化、硫磺回收、燃煤锅炉稳定达标

排放的措施。

新《环境保护法》实施后，随着国家日益严格的环保监管政策、不断完善的环保处罚手段、新的污染物排放标准的相继实施，以及面临强制公开环境信息要求、时有发生环境公益诉讼案件、无法控制的社会媒体负面报道，最主要的焦点就是企业能否做到污染物达标排放。一些企业被按日计罚，但并没有引起有些企业的重视，认为超标只要交上罚款就行，导致污染久久难以治理，措施无法实施。过去我们常说“排污收费，超标违法”，现在看来污染物达标排放只是底线，将来不是企业消灭污染，就是污染消灭企业。

目前集团公司对污染物超标排放的企业进行通报整改，虽取得一定效果，但对企业震慑力不够。集团公司印发《安全生产和环境保护指标考核细则》规定，非法排放污染物超标3倍以上扣减业绩分值，实际操作比较困难。建议设定污染物排放浓度达标考核指标，并将其纳入企业领导业绩考核中。另外，针对企业污染物排放超标，即普遍存在按日计罚而缴纳巨额罚款的被动“减排”局面，建议相关部门制定相应考核制度，杜绝企业通过缴纳罚款而长期超标的风险。

三、治理工程是确保实现环保目标的关键措施

为确保完成“十二五”污染减排任务，集团公司制定《“十二五”污染减排工作方案》，提出实施废气达标排放、废水达标排放、电厂脱硫脱硝、催化再生烟气脱硫、油田污水处理及配套管网改造、炼化污水系统优化等十大减排工程。2014年通过实施污染减排工程，实现减排化学需氧量2160t、氨氮753t、二氧化硫10589t、氮氧化物25040t，保障了年度污染减排指标的完成。

国家通过提升污染物排放标准，实际上也是以标准促进污染减排措施的实施。对于企业来说，必须采用新技术、购置新设备、建设环保设施，才能满足新标准的要求。特别是现有企业将于2017年7月1日开始执行《石油炼制工业污染物排放标准》(GB 31570—2015)，其中对催化裂化装置氮氧化物排放限值提升至100（特别限值）～200（一般限值）mg/m^3，硫磺回收装置二氧化硫排放限值提升至100(特别限值)～400(一般限值)mg/m^3，企业将面临催化裂化烟气脱硝、硫磺回收尾气治理等达标升级改造。

集团公司于2006—2008年、2012—2014年设立两轮三年安全环保专项资金，

用于安全环保隐患治理，为提升本质安全环保，起到了保障作用。现有企业两年后将执行《石油炼制工业污染物排放标准》（GB 31570—2015），目前应着手研究如何建立达标治理长效机制，提前统筹治理项目及时间安排，落实投资，避免如《火电厂大气污染物排放标准》（GB13223—2011）施行后，大部分企业污染物排放不能做到达标的被动局面，以有效规避法律法规风险。

污染物排放总量控制是国家一项重要的环境保护制度，是调整经济结构、转变发展方式的重要抓手，是实现企业可持续发展的内在要求。国家环保部与中国石油签订“十二五”污染减排目标责任书以来，污染减排已成为企业环境保护的中心工作。落实好污染减排任务，不光是解决好技术措施问题，解决好管理要求问题，更重要的是解决好责任意识问题。凡是问题解决较好的企业，都是主要领导高度重视、相关部门责任落实、考核约束严厉的企业。正如文中所述，责任意识是健康开展污染减排的根本基础，只有这样，才能使污染减排工作由被动变为主动、由进展缓慢变为全面推进，才能使中国石油污染减排工作走在央企前列。

污染源在线监测系统及企业现场端污染源自动监控设施的管理，使集团公司污染源在线监测系统运行维护能够满足国家环境保护部及地方环境保护主管部门的各项要求，有效避免或降低被国家环境保护部通报的风险。

提高监测数据质量，切实发挥污染源在线监测作用

——集团公司污染源在线监测管理风险分析报告

李勇

为进一步做好集团公司污染源在线监测系统以及企业现场端污染源自动监控设施的管理，使集团公司污染源在线监测系统运行维护能够满足国家环境保护部及地方环境保护主管部门的各项要求，有效避免或降低被国家环境保护部及地方环境保护主管部门通报的风险，经对污染源在线监测系统和企业现场端污染源自动监控设施运行维护中存在的管理问题进行风险识别与分析后，形成以下报告，现将具体情况介绍如下。

一、污染源在线监测系统现状

截至2015年6月30日，集团公司污染源在线监测系统已联网监测点280个，其中与地方环保部门联网监测点231个。联网废水监测点80个，其中63个与地方环保部门联网。联网废气监测点200个，包括：锅炉废气监测点110个（对应176台锅炉，其中燃煤锅炉136台，燃油、气锅炉40台），与地方环保部门联网的108个；催化裂化烟气监测点36个（对应催化裂化装置35台），与地方环保部门联网的26个；硫磺回收尾气监测点39个[对应硫磺回收装置40台（套）]，与地方环保部门联网的19个；其他废气监测点15个（多为常减压或柴油加氢等加热炉等），全部与地方环保部门联网。

（一）现有污染源达标情况

联网的80个废水监测点中，基本可以实现达标排放。联网的200个废气监测点，按排放类型主要分为电厂锅炉废气、动力/供热锅炉废气、催化裂化烟

气、硫磺回收装置尾气、加热炉废气等，主要执行 4 类标准，监测点执行标准分布情况如图 1 所示。

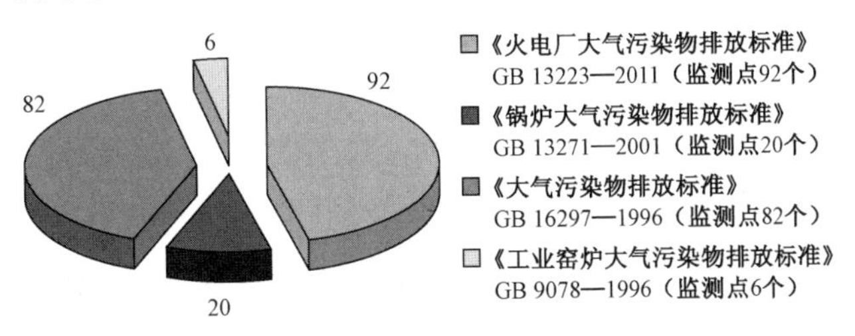

图 1　废气监测点执行标准分布情况

近年来，国家相继出台新的污染物排放标准。2014 年 7 月 1 日《火电厂大气污染物排放标准》（GB 13223—2011）实施，执行该标准的 92 个监测点中，有 24 个监测点因无污染治理设施导致超标，还有 13 个监测点因现有污染治理设施已无法满足新标准要求而出现超标，超标率达到 40.2%。《锅炉大气污染物排放标准》（GB 13271—2014）即将于 2015 年 10 月 1 日起实施，执行锅炉大气标准的 20 监测点目前超标率约 20%，根据该类监测点 2015 上半年污染物排放浓度预计，今年 10 月执行新标准后超标率将提高 15%，达到 35%。对于现有企业，被称为炼化行业史上最严格环保标准的《石油炼制工业污染物排放标准》（GB 31570—2015）和《石油化学工业污染物排放标准》将于 2017 年 7 月 1 日起实施。目前执行《大气污染物排放标准》（GB 16297—1996）的 82 个废气监测点超标率约 22%，根据该类监测点 2015 上半年污染物排放浓度预计，2017 年执行新标准后超标率将提高 24.3%，达到 46%；执行《工业窑炉大气污染物排放标准》（GB 9078—1996）的 6 个废气监测点目前均不超标，根据该类监测点 2015 上半年污染物排放浓度预计，2017 年执行新标准后超标率将达到 66.7%。

（二）现有污染源在线设施运行情况

污染源在线监控中心依据《污染源自动监控设施现场监督检查技术指南》每年定期对各企业污染源自动监控设施开展现场核查、专项检查及“四不两直”检查，检查范围覆盖所有联网监控企业。2014 年，现场核查累计发现问题 1500 余项，在集团公司的监督与要求下，企业积极整改，截至 2015 年 6 月整改完成率达到 73%。在尚未整改的问题中，主要包括：在线监测设备故障长期不修复，且未按时上报故障期间的人工监测数据；废气监测点存在旁路烟道，且未安装烟气流量连续计量装置；DCS 曲线显示与实际生产状况不匹配等几类问题，这些问题在核查中易引起国家环境保护部关注。

（三）在线监控平台运行维护情况

目前集团公司使用的污染源在线监测系统平台为 2.0 版本，具备 6 大功能模块共 45 个功能模块。可以实时准确监控、统计、分析各监测点排污数据，实时、定时监控重点污染源污染物排放情况、评估环保设施运行效果，实现超标报警的数据采集分析，并第一时间督促企业调整生产装置及环保设施运行，确保达标排放，同时为污染减排核算和排污费计算提供参考。

安装在线监测设备的大部分企业根据所在地环境保护行政主管部门的要求委托第三方运行维护单位开展在线监测设备运行维护管理工作，但对第三方运行维护单位的监督管理与考核由地方环境保护行政主管部门负责，因此企业的监督约束效力不足，运行维护管理工作质量难以保障。部分实行自行运行维护管理的企业其环保部门负责在线监测的实时监控、数据质量跟踪；企业环境监测中心站定期进行校准、校验；在线监测设备的采购、日常运维、故障维修等工作分别由物采部门和仪表部门负责，因此存在多头管理、职责不清等问题。

二、存在风险分析

通过对比分析污染源在线监测系统各环节现状及国家标准规范要求，系统运行维护管理存在风险点主要集中在以下两个方面：一是监测点联网不全、污染物长期超标排放、污染源自动监控设施建设不规范，这三部分问题均存在被国家或地方环境保护行政主管部门通报查处的风险；二是污染源自动监控设施运行维护管理、数采仪运行维护管理、系统功能开发建设，这三部分均存在不能满足污染物总量减排核算要求的风险。具体如下。

（一）国家或地方环境保护行政主管部门通报查处的风险

1．监测点联网不全

国家环境保护部 2010 年与集团公司签署的《“十二五”主要污染物总量减排目标责任书》要求，集团公司所有锅炉烟气、催化裂化再生烟气、硫磺回收装

置尾气等废气排放口必须安装污染源在线监测设备并联网上传数据。目前尚有部分锅炉、催化装置、硫磺回收装置未与集团公司联网，并且部分企业未按国家要求监测规定的参数或缺少部分监测因子，致使数据传输有效率低于国家要求的75%，这些问题均易被国家或地方环境保护行政主管部门通报查处。

2．污染物超标排放

通过对各联网监测点污染物排放现状进行统计分析、现场核查后发现，部分监测点因没有污染治理设施、现有污染治理设施处理效果不好、运行不稳定等原因，造成污染物长期超标排放。此类超标排放问题经常引起媒体关注，进而引发国家政府部门的通报，损害中国石油的公众形象。

3．污染源自动监控设施建设不规范

部分企业的监测点在线监测设备发生故障后没有及时进行修复，且未在故障期间开展人工监测；废气监测点存在旁路烟道且未安装烟气流量连续计量装置等情况。以上行为常在国家环保部门的现场核查中被判定为偷排或弄虚作假，进而对集团公司进行通报。

（二）不能满足污染物总量减排核算要求的风险

1．污染源自动监控设施运行维护管理

（1）因第三方运行维护单位由地方环境保护部门指定，企业无法对其运行维护工作质量进行有效监督和约束；同时，企业自身也未建立第三方运行维护单位考核制度与评估机制，且运行维护方存在故障响应慢、处理周期长、人员素质低等情况，直接导致自动监控设施运行维护质量不高，数据传输有效率考核结果不达标。

（2）部分自行运行维护污染源自动监控设施的企业污染源在线监测设备运行维护费用未列入年度计划，设备故障后维修及配件采购申请审批程序周期长，运行维护管理相关部门间职责划分不明确，也影响了企业的在线监测运行维护工作质量。

2．数采仪管理

数采仪在日常运行维护管理过程中，由于企业未能及时开展在线监测设备与数采仪数据一致性比对，在线监测设备更新或者参数调整后未及时申报，导致在线设备与数采仪参数不一致，在线监测设备与数采仪之间加装编译器或信号处理设备等原因，导致上传数据失真。

3．在线监测系统平台功能

（1）根据国家环境保护部向集团公司反馈的《中国石油天然气集团公司2014年主要污染物总量减排情况》，其中对污染源在线监测系统平台建设和运行提出“中国石油污染源在线监测系统需要进一步完善平台建设和管理，加强对企业环保设施运行情况进行监督管理，提高数据上传质量，加强数据有效性审核和分析运用，并紧密服务于实际管理工作”的要求。目前集团公司污染源在线监测系统仅有外排口和污染治理设施出口安装了在线监测设备并与集团公司联网，因此与国家要求仍存在一定差距。

（2）随着国家对污染源在线监测要求逐年提高，国发在线监测软件功能逐年完善，集团公司污染源在线监测系统尚不能对异常数据进行全面标识、预警、分析，且系统提升进度滞后于国发软件，导致在线监测系统无法识别国发系统可能识别到的问题，存在数据不能满足减排核算要求的风险。

建　议

（1）督促企业按期完成污染减排治理工程，同时配套安装、联网污染源自动监控设施，以按期完成年度安装联网计划。对于污染源自动监控设施现场端建设不满足国家标准、规范要求的，企业应制订整改计划，由企业主管领导牵头，确保整改计划按期落实完成。

（2）对于污染源自动监控设施运行维护管理中存在的问题，特别是由第三方单位运行维护的企业，建议企业制定相应的管理考核办法评估、约束其工作质量。自行运行维护的企业，建议配备一支专门的在线运行维护管理团队并投入专项资金，以避免多部门合作权责不清，确保污染源自动监控设施稳定运行。

（3）为全面掌握环保设施运行状况，提高污染源在线监测数据质量，建议尽快开展环保设施工况数据及入口数据接入的可行性分析，制定切实可行的实施方案，分批、分步将企业现场端环保设施运行工况、设施入口在线监测数据等接入污染源在线监控平台。

当前及今后一段时期，集团公司的安全环保工作仍处于严格监管阶段，这一阶段只有继续坚持从严监管，没有其他捷径可走。除了采取常规手段外，必须应用信息化技术对作业现场全过程跟踪监护，确保现场作业风险受控。污染源排放点在线监测就是这样一种手段，也为下一步推进“互联网＋安全生产”的深度融合和创新发展提供了有益借鉴。

杜邦环境修复部的实践经验启示

李兴春

一、集团公司环境治理与修复现状

集团公司目前环境治理与修复的立项程序一般为企业根据集团公司下达的减排目标先提出落实项目，由安全环保与节能部筛选纳入环境保护规划，并同节能一起由规划计划部下达五年的总投资。每年企业根据自身污染减排进度要求，向所属板块提出立项申请，经板块相关部门审批确定列入年度计划内的项目，确定投资，企业再实施。

集团公司为推进减排工程实施，把 2014 年、2015 年两年计划实施的污染减排工程纳入 HSE 信息系统，实施周调度和月总结，及时发布工程进度风险预警名单，跟踪工程完成情况，确保集团公司完成了 2014 年国家污染减排考核指标。但是 2014 年，集团公司确定的污染减排重点工程中，尚有部分未完成，这些工程当中很多是前期工作周期长或者工程建设周期安排不合理造成的，也有很多工程不是污染减排计划内的项目。

2014 年，个别企业由于超标排放问题被国家环保部通报，有些企业的污染减排量被确认的很低，主要是这些企业虽然污染治理设施投运，但是去除效果远没有达到设计要求，原因主要技术工艺路线选择不合理、承包商或设备供应商能力不足、企业运行管理不符合要求等。虽然集团公司三年隐患项目中涉及环保的投资不少，远超过杜邦 2014 年的投资，但是真正实现减排量的很有限。

为贯彻落实集团公司工作会议精神，严格落实新“两法”，集团公司安全环保与节能部选择典型企业，组织开展了《西南油气田安岳气田磨溪区块龙王庙组气藏开发项目技术诊断与管理评估》、《抚顺石化分公司安全环保评估与诊断》以及《长庆油田环境风险诊断与管理评估》工作，具体技术工作由安全环保技术研究院牵头，相关企业专家参加。完成的《西南油气田安岳气田磨溪区块龙王庙组气藏开发项目技术诊断与管理评估》、《抚顺石化分公司安全评估与诊断》和《长庆油田环境风险诊断与管理评估》提出了相关企业安全环保工作的对策与建议，得到了肯定。

二、杜邦环境修复部简介

（一）杜邦环境修复部任务

杜邦环境修复部成立于 1992 年，主要为了解决杜邦公司历史上形成的环境污染问题，目前其任务是管理杜邦环球环境修复责任使之达到以下的核心价值：保护人类以及环境、遵守所有的可适用的规则、聘请股东、强调正在运行及未来的操作使用最好的操作经验、突出杜邦作为一个环境方面的表率。

环境修复部主要工作是评价现存的技术、研发新的技术、经常性作为领导者或主要成员出席国家性修复委员会、论坛和专家会议、发表技术报告和书籍（许多已被认为是工业标准参考）；为杜邦公司污染企业提交污染状况评估报告，提出是否进行污染治理与环境修复建议并提出推荐技术路线，具体治理工作由合作伙伴完成；从环境角度回答是否同意项目并购计划或者与其他公司的合作计划。

（二）杜邦环境修复部组织结构

杜邦环境修复部现有 47 名员工，分布在美国、拉丁美洲、欧洲和亚太地区，包括了工程师、环境工程师、地质学专家、水文地质学专家、职业健康 / 安全专家、毒理学 / 风险评估专家、生物学家 / 微生物学家、公共事务专家和财务人员。分为三个修复团队和一个财务团队，部门设主管一名，其主管的直接领导为建设创新管理委员会（环境修复管理委员会）主席，最高领导为杜邦执行副总裁（兼首席创新官）。该团队和各事业部业务不交叉，环境修复部提出的建议经建设创新管理委员会（环境修复管理委员会）主席和杜邦执行副总裁（兼首席创新官）批准后即可执行。

1992 年前杜邦公司发生污染需要的治理与修复费用由杜邦总部支出，1992 年以后发生污染需要的治理与修复费用由企业承担。2014 年，杜邦有 455 个修复项目分布在全球 203 个地方，92% 在美国，8% 在美国本土以外，年预算 1.1 亿美元。

三、杜邦关于环境修复方面的启示

一是明确企业和总部在环境治理与修复方面的责任，按照确定的年代各自承担应当支付的费用。鼓励企业积极查找并治理历史污染问题，同时避免新污染问题的发生。

二是设立专门的治理与修复技术评估机构——环境修复部来确定是否应该进行治理与修复，采用什么样的技术进行，并明确投资与运行成本，其他由杜邦在环境治理与修复方面的合作伙伴完成，每个大洲有一家环境治理与修复合作伙伴。确保了最需要治理与修复项目的及时立项，也保证了技术路线成熟可靠，投资和成本明确可控。

三是与专业事业部行政上不交叉，避免了部门之间为了利益产生的推诿和扯皮情况。

第三篇　重点监管

重点监管的目的是要把重点地区、重大项目，防控重大风险在可接受的范围内，防止风险转化为不可接受的事故事件。如何坚持综合监管与专业监管相结合，对安全环保工作的系统性、阶段性和复杂性保持清醒认识，切实采取有效措施，持续提升全系统的风险管控能力？

如何加强重点安全环保事件的风险防控

安全不是监管出来的，监管只是安全生产的必要条件，靠有限的监管力量也根本无法真正实现安全保障。安全生产工作要靠上至领导层下至设计、设备、采购、施工、建造等各个部门、各个工种，从企业到车间到班组到基层每一个人来执行，只要中间任何一个环节、任何一个员工出现问题，都会导致事故发生。员工既是安全工作的建设者，同时又是最终受益者。

发挥群策群力、群防群治作用，形成安全生产长治久安的强大合力

——探索同频共振的安全监管模式

集团公司安全环保与节能部综合处

当前，集团公司仍然处于安全严格监管阶段，这一阶段没有捷径可走，必须依靠严查严管，不断循环往复地辨识风险、评价风险与控制风险。而从政府层面来看，一旦发生重大事故或是处于重要敏感时期，在国家层面上就会立即开展雷厉风行、运动式的安全整治，力求依靠这种“歼灭战”和“速决战”，在一段时间内突击形成高潮。由于许多集中整治活动是中央领导直接要求、国务院直接部署，相关各部委都要进行督查，所以集团公司必须高度重视、积极参与。这也使得各种类型的安全检查活动成为当前安全监管的主要方式。

而随着集团公司体系审核和各类专项检查的逐步深入和强化，与企业、基层所形成的对立也日益显现。尤其是集团公司党的群众路线教育实践活动中，在征求“四风”问题存在的主要问题时，针对安全环保部门提出的一个主要意见就是“文件多、会议多、检查多”。而在日常交流活动中，许多单位也对一年两次的体系审核活动颇有微词。这种认识归纳起来主要表现在以下几个方面。

一是严格监管和企业消极抵触的对立。去年以来，我们在多次检查审核后的总结会议上对多家单位毫不留情地进行了点名批评，进一步加大了责任追究的力度，在全系统形成了严抓严管、敢抓敢管的浓厚氛围，并有力地带动了企业强化严格监管的步伐。但由此也带来一些问题，部分企业在体系审核中害怕被点名而对存在的问题极力掩饰，对查证的问题也多方疏通辩解企图蒙混过关，管理者往往把现场发现的问题完全归咎于员工的安全素质和意识，而不从管理层面查找原因，直接影响了体系审核的效果。个别单位和部门安全工作主动性不强，你查我改、不查不改、甚至查还不改的现象仍然存在。

二是检查审核活动与生产经营活动“两张皮”。一些企业把 HSE 体系管理游离于生产经营之外，孤立运行，造成 HSE 体系管理与生产经营“两张皮”，在事实上造成“你查你的、我干我的”现象。特别是一些检查审核活动总是围绕“低老坏”等浅层次、低水平问题进行重复，而涉及安全制度标准、管理流程等方面的深层次问题并没有得到有效解决，治表的监管太多、固本的强化太少，广大基层员工感受不到检查审核活动对本企业管理水平提升的促进作用，也降低了参与检查审核活动的兴趣。

三是在事故事件统计方面的矛盾。从近两年事故事件上报的情况来看，平均每个企业每个月上报事件仅为 12 起，还有油田、炼化、管道、海外以及科研等 40 家单位在 HSE 信息系统中录入任何事件。事件管理的缺失是导致事故发生的一个重要诱因。一说追究就没有人上报日常事件，一说点名就没有单位主动上报存在问题，所以只要没有发生严重的人员伤害、没有造成设备严重损坏或者工艺中断，未遂事故、事件记录就不会被保留，更没有制订必要的、合理的措施避免类似更大事故。

这些现象更深层次的原因在于：目前无论是国家还是集团公司，在事故处理过程中，都把责任追究作为重要一环甚至最重要的部分。而对事故原因的分析还不深入，对策措施针对性不强，预防指导作用不大。安全监管部门和企业不是警察和小偷的关系，其共同目的都是为了防止和减少事故，而不是片面地找出责任者并追究责任。如中国石化“11.22”青岛输油管道爆炸事故，整个调查报告有一多半内容与追责有关，这当然会有一定的震慑效果，但却弱化了更多人想要从中看到的借鉴意义。

安全不是监管出来的，靠有限的监管力量也根本无法真正实现安全保障。安全生产工作要靠上至领导层下至设计、设备、采购、施工、建造等各个部门、各个工种，从企业到车间到班组到基层每一个人来执行，只要中间任何一个环节、任何一个员工出现问题，都会导致事故发生。群众既是安全工作的建设者，同时又是最终受益者。因此，必须坚定不移地相信、依靠和动员广大群众共同参与，切实发挥群策群力、群防群治的积极作用，培养广大职工对生产安全的自愿、自需、自求意识，最终形成安全生产长治久安的强大力量和群众基础，这也是实现本质安全的最重要的保障。

要做到这一点，就要努力缓解和消除这种总部和企业在监管方面的对立矛盾，努力使所有干部员工都成为安全环保工作的监督员，对所有生产经营活动的各个环节进行风险识别，实现操作和控制有机结合。

建　议

一是改进“点名批评”的监管方式。建议下一步在检查审核之后的总结点名应主要针对一些涉及领导观念、体制机制以及事故频发、多头管理等系统性、综合性的问题，或者是在全系统范围内具有代表性和普遍意义的问题。换句话说，不能仅仅为了一个“跑冒滴漏”等浅层次的问题就大张旗鼓地对一个单位进行点名批评。点名过多，一些企业反而会变得麻木、不在乎了。目前，对检查审核发现的问题可以采取“三罚三不罚”的原则：三罚是指典型的问题必须处罚、重复发生的问题必须处罚、上级通报的问题必须处罚；三不罚是指初次查出的问题不罚、已查出但正在采取措施整改的问题不罚、主动上报未遂事故和事件并吸取教训的不罚。

二是改进检查审核方式。克服程序化、形式化的检查审核活动，努力给企业的管理系统带来增值效应。当前，本部门针对重点单位和领域开展的诊断评估就是一种集过程审核、风险评估和风险控制等多种管理内涵为一体的分析性审核，就是用评价的方式开展审核的一种方法，是一种“诊断”性的检查审核工作。与一般审核相比，评估诊断活动时间延长、范围拓展、质量提升，可以详细解剖涉及多个部门的问题、体制机制方面的矛盾，现场和机关实现两者兼顾，依据发现的问题互相进行拓展，促进了安全监管向深层次迈进。这样，始终将审核和监管矛头对准重点单位，有效避免了由于平均用力而导致的重点单位深不下去、重点问题挖不出来的问题。按照“一个企业一个方案、一个单位一批专家、一个现场一套表格”的原则，把检查审核提升为指导评估，更加关注解决企业依靠自身力量不易发现和不能解决的问题，使双方在监督方式上形成合力。

三是采取措施鼓励上报事故事件。事故事件的后果和绝对数量不是最重要的绩效考核指标，各级人员是否正确履行了自己的职责，事故事件的教训是否得到分享和吸取，整改措施是否得到落实才是更重要的考核指标。现阶段，对诚实上报后事故事件报告数量猛增、绩效统计数据不好看的现象要有一个清醒的认识。这不是绩效变差的征兆，而是以前没有充分报告的结果。要建立一套有利于发现问题、暴露问题的制度，所有事故事件必须及时上报，建立信息平台。要充分调动企业干部员工主动上报事故事件的积极性，将报告事故事件的及时性、数量和分享教训、落实整改措施的情况作为考核指标，对敢于“自曝家丑”的行为，不但要遵循“不曝光、不批评、不处罚”的处理原则，还要视情况给予一定奖励。要提高谎报、瞒报事故事件的成本，对通过 HSE 审核、举报、网上信息发现的应上报而未上报或应统计而未统计的事故事件主动跟踪、调查。当然，实现这一目标需要一整套激励和惩罚机制做保证。

群众既是安全工作的建设者，同时又是最终受益者。安全问题应该是职工本能的内在需要，实现从外迫型安全管理变为内激型的安全管理。因此，必须坚定不移地相信、依靠和动员广大群众共同参与，要通过多种形式，切实发挥群策群力、群防群治的积极作用，培养广大职工对生产安全的自愿、自需、自求意识，引导“从全员参与向全员主动执行”过程的转变，必须进一步激发员工内在的责任感，启发员工能动的自觉性，形成“不能违章、不敢违章、不想违章”的自我管理和自我约束机制，最终形成安全生产长治久安的强大力量和群众基础，这也是实现本质安全的最重要的保障。

春夏交替期间，随着气温逐渐回升，各项建设施工作业活动逐渐增多，企业生产经营活动进入活跃期，日益频繁的作业活动，使生产安全事故要明显高于其他季节。为加强春夏交替期间生产安全事故预防工作，针对中国石油2006年以来4—6月份的50起生产安全亡人事故案例进行统计分析，查找事故类型分布特征，剖析事故原因，探讨防范生产安全事故的对策措施，为更好地实现集团公司安全管理绩效提供参考。

以HSE体系审核为契机，强化季节性安全风险管控力度

——春夏交替期间生产安全事故特点及对策措施

集团公司安全环保与节能部安全监督处

一、春夏交替期间季节特点及生产特点

春夏交替季节，气温总体上升，但极易发生变化，乍暖还寒的时间较多。天气时晴时雨，昼夜温差大，容易出现大雾、大风、大雨、沙尘暴、酷热等天气环境，特别是容易出现连续多日的阴雨天气，多变的气候环境给生产经营活动带来较大的影响。

多变的天气对人的生理、心理健康和情绪有着非常明显的影响。从春季到夏季的变化，人体新陈代谢进入旺盛期，内分泌活动发生变化，造成人的情绪容易波动，极易产生情绪低落、失眠、疲劳、困倦、烦躁等异常情况，使人出现压抑、忧虑、闷闷不乐等症状，甚至出现心理疾病。

春夏交替季节是企业生产经营旺季，特别是北方区域，经过一个漫长的冬季后，各类生产经营项目及活动，如建设工程项目、检维修活动等集中启动，生产现场具有点多、面广、战线长、人员集中、设备设施密集等特点。近年来，随着中国石油企业产能的快速上升的需求，一些企业新增了许多员工、新承包商队伍，出于生产的需求，这些新员工和队伍会集中出现在生产作业现场。由于工期紧、任务重，许多生产作业场所会出现连续加班、工作周期不合理、监督力量明显不足、安全和应急措施不落实等情况。这些季节性的特点都给企业安全生产工

作带来了较大的挑战。

二、春夏交替期间生产安全事故统计

2006—2014年，中国石油企业共发生多起生产安全亡人事故。其中发生在春夏交替期间（以4—6月份为主）的安全事故50起，死亡66人。春夏交替期间的事故起数约占全部事故总起数的27%，平均数量大于其他季节，具有事故易发多发的总体特点。其中承包商事故14起，且呈现不间断多发态势。中国石油2006—2014年春夏期间生产安全亡人事故总数统计表见表1。

表1　中国石油2006—2014年春夏期间生产安全亡人事故总数统计表

年份	2006	2007	2008	2009	2010	2011	2012	2013	2014
事故起数	8	5	5	6	10	4	4	6	4
承包商事故数	2	0	0	3	3	1	0	3	2
较大及以上事故	1	0	0	1	1	0	0	1	0

根据国家标准《企业职工伤亡事故分类》（GB 6441—1986），结合中石油生产作业特点，对2006—2014年春夏交替期间的50起事故进行事故类型统计，其中物体打击类事故占比24%，是春夏交替期间的主要事故类型。2006—2014年春夏期间生产安全亡人事故类型统计见表2。

表2　中国石油2006—2014年春夏期间生产安全亡人事故类型统计表

事故类型	物体打击	高处坠落	触电	起重及机械伤害	火灾爆炸	车辆伤害	坍塌事故	中毒窒息
事故起数	12	8	7	4	7	3	4	5
百分比	24 %	16 %	14 %	8 %	14 %	6 %	8 %	10 %

中国石油2006—2014年春夏期间生产安全亡人事故发生在勘探、炼化、销售、管道、工程技术、工程建设和机械制造等板块企业，其中勘探板块事故占比36%，是春夏交替期间事故易发和多发的业务领域。具体各专业业务领域2006—2014年春夏交替期间发生的事故起数统计见表3。

表3 中国石油2006—2014年春夏期间各业务领域的生产安全亡人事故统计表

所在专业	勘探生产	炼化化工	销售	管道	工程技术	工程建设	机械制造
事故起数	18	9	6	2	5	8	2
百分比	36%	18%	12%	4%	10%	16%	4%

三、春夏交替期间的事故特征分析

（一）事故类型及专业领域分布

从中国石油2006—2014年春夏期间生产安全亡人事故类型统计表（表2）分析可知，物体打击、高处坠落、火灾爆炸和触电4种类型事故起数较高，总数占事故总起数的68%。其中物体打击、高处坠落和触电事故大多属于员工个人操作行为导致的事故，大多发生在工程技术、工程建设领域，这也是此类专业领域的主要事故类型，占据主导地位。着火爆炸事故则是大多发生在勘探生产企业、炼化企业等具有典型工艺特点的区域，具有鲜明的行业特征。同时，勘探生产、炼油化工、工程技术、工程建设4个业务领域的事故起数占事故总起数的80%，说明春夏交替季节，该4个专业领域无论在工作量、工作组织上，还是在现场管理、监督力量等方面都存在不足。

（二）事故原因分析

为了分析春夏交替季节生产安全事故的发生原因，参考《企业职工伤亡事故分类》（GB 6441—1986），将事故原因分成技术缺陷、设备设施缺陷、违反规程或纪律等20类。结合各起事故的事故调查报告，选择事故起数较高的物体打击和高处坠落2种类型进行事故原因统计，其中，导致事故发生的4种主要原因因素分别是无监督监护或执行不够，缺乏安全技能，违反操作规程和纪律以及作业风险分析不全面。春夏交替期间典型事故的事故致因因素统计见表4。

表4 中国石油2006—2014年春夏交替期间典型事故的事故致因因素统计

导致事故的主要原因	无监督监护或执行不够	缺乏安全技能	违反操作规程和纪律	作业风险分析不全面	设施设备缺陷	作业组织及指挥不合理	其他原因
百分比	16%	13%	17%	16%	12%	9%	12%

从表4分析可知，4种占主导地位的事故致因因素，主要和个人的操作行为有关，作业人员的不安全行为是事故发生的最主要原因。主观上除了人员的操作习惯以外，从春夏交替的季节性客观环境分析，不安全行为的诱因则与春夏交替季节人的身体和心理变化较大有关，以及春夏交替期间的工作周期不合理、设备实施容易发生缺陷，劳动组织不合理等因素容易交叉出现，从而更容易导致生产安全事故的发生。

（三）承包商事故统计分析

从表1事故统计可知，中国石油2006—2014年春夏期间共发生承包商事故14起，占事故总起数的28%。其中，2009—2010年，是承包商事故多发期，事故起数超过当年事故起数和亡人数的40%以上。分析其原因，主要是自2007—2008年中国石油内部专业化重组以来，企业机构、业务性质都发生了明显变化，安全管理机构和人员也都相应调整，事故延迟高发，与当时企业安全管理能力有一定关系。另外，2009—2010年中国石油新开工的建设项目非常多，承包商数量明显增加，对承包商的管理能力、管理制度相对滞后，而对建设施工项目开展安全监督工作的管理制度也相对滞后，各种因素叠加导致承包商事故高发。

（四）较大及以上事故分析

2006—2014年中4—6月份的50起亡人事故，包括了4起较大及以上事故，占事故总起数的8%，与全年的较大及以上亡人事故起数百分率13%相比较，数量有所减少。这与春夏交替季节生产安全事故类型多以物体打击、高处坠落等为主，事故多以单人事故为主相对应。

建　议

一是充分利用每年上半年HSE体系审核的契机，从安全生产角度把关春夏交替季节的生产组织活动。在每年3—4月份组织的上半年HSE体系审核中，要针对春夏交替季节特点，监督和发现不合理的生产组织可能给企业安全生产带来的风险，要求企业调整不合理的生产任务、施工安排以及项目开工计划等，并督促抓好事故预防措施。

二是可在春夏交替季节前期开展企业专项安全技术诊断评估工作。在全年生产旺季来临之时，选择重点地区和重点企业，开展有针对性的技术诊断和评估，充分发挥技术专家的专业特长，从技术、工艺和管理三大方面入手，重点针对风险辨识控制和应急处置能力，找出薄弱环节和需要强化的事项，形成诊断评估意见，提出应对措施，从公司层面予以督促整改。

三是开展春夏交替季节的员工专项培训工作。在春夏交替季节的许多事故中，事故责任人往往是缺乏实际操作经验的员工或承包商，安全意识和安全技能不足是导致事故发生的主要原因。在企业产能快速增长及新员工、季节性劳务工迅速增加的情况下，尤其要特别注意作业人员的安全培训工作，加强春夏交替期间安全事故的警示教育，推动员工安全意识和安全技能提升。

四是强化春夏交替期间的季节性风险管控力度。从生产安全事故情况看，事故企业均大量存在劳动密集型的高风险作业岗位，包括钻井井下作业、建筑施工、装置检维修作业等。应该针对这些作业风险，制定更加严格的防范措施，有重点地开展季节性风险管控工作，达到事半功倍的效果。

启　思

安全生产工作的间断性和连续性告诉我们，安全生产工作既要区分轻重缓急，把握工作重点，抓好重点时期、重要阶段安全生产工作；又不能时紧时松，出事故后抓一阵，不出事故就松下来，要坚持常抓不懈，持之以恒。每一个阶段的安全监管都应突出一、两项重点，抓住最关键、最薄弱的环节，集中优势兵力、各个击破，而不是面面俱到、全线作战。只有这样，把拳头收拢回来抓重点，才能事倍功半。从这个意义上说，狠抓春夏交替期间的安全监管就是这样一个具体例证。

火灾爆炸事故是石油石化企业安全生产的最大危害，控制火灾爆炸事故的发生则是安全工作的重中之重。我们通过对2003—2014年炼化企业发生的73起典型火灾爆炸事故案例的搜集、整理和分析，找出了引发火灾爆炸事故的“三大风险”，并有针对性地提出下一步安全生产工作的建议。

消除“三大风险”，从根本上杜绝火灾爆炸事故发生

——火灾爆炸事故风险分析及对策

傅　岩

引发火灾爆炸事故“三大风险”的9个方面、39个要素并不陌生，而且大多数要素已经成为目前安全生产管控的重点。但从73起火灾案例以及2015年上半年组织的三项诊断评估中，又反映出这些问题仍普遍存在，而且频繁地给我们带来惨痛的教训。

下面提出和分析了引发火灾爆炸事故的“三大风险”。

一、火灾爆炸事故成因分析

在2003—2014年的12年期间，集团公司各炼化企业共发生上报火灾爆炸事故73起，死亡72人，伤156人。

从事故发生时装置的运行状态上看，正常生产期间发生事故43起，占总数的58.9%；开工期间发生事故8起，占总数的11.0%，检维修或改造期间发生事故22起，占总数的30.1%。

从事故的成因上看，因设备设施不完好引发的事故32起，占总数的43.8%；因运行中违章操作引发的事故20起，占总数的27.4%；因检维修违章作业引发的事故18起，占总数的24.7%；对风险未能完全认知等小概率事件3起，占总数的4.1%。

从上述分析中可以看出，炼化企业的火灾爆炸事故中，95.9%是由设备

设施的不完好状态、装置运行中的违章操作和检维修过程中的违章作业而引发的。

为此我们可以得出结论：设备设施的不完好状态、装置运行中的违章操作和检维修过程中的违章作业这“三大风险”是能够直接引发火灾爆炸事故的风险，应该在安全生产管理上进行重点管控。

二、“三大风险”在各类风险中的占比分析

2015 年上半年，安全环保与节能部组织了抚顺石化公司石油二厂和乙烯厂、西南油气田磨溪区块龙王庙组气藏开发项目以及商储油公司 19 家油库的安全诊断评估。在抚顺石化发现的 346 项问题中，设备设施完整性问题 69 项，占总数的 19.9%；运行管理问题 67 项，占总数的 19.4%；检维修施工管理问题 14 项，占总数的 4.0%，其他 185 项为人员培训、风险识别、规章制度、应急预案和台账记录等问题。在西南油气田的诊断评估中，除环评未批复、部分压力容器未登记和部分规章制度不完善及执行不严等风险之外，绝大多数问题都是气井表层起压、技套起压、油套起压、环空带压、井口抬升、采气树材质级别不够、连锁未投用、未安装井下安全阀和永久封隔器等设施完好性的风险。在商储油公司发现的 804 项问题中，设备设施不完好问题 310 项，占总数的 39.6%；运行管理中的违规问题 104 项，占总数的 12.9%；其他 390 项为制度规程、员工培训、消防设施合规性、标识和记录等问题。

从三项大型检查的数据中看出，“三大风险”的总数在各类风险中的占比均达到 4 成以上，这就充分说明在目前的管理状况下，能够直接引发火灾爆炸事故的风险普遍存在。

三、“三大风险”形成的原因分析

为了便于制定防范措施，我们使用思维导图对“三大风险”形成的原因进行穷尽式分析。如图 1 所示。

思维导图二、三级枝点中的 9 个方面、39 个子项，即为“三大风险”形成的全部要素。见表 1。

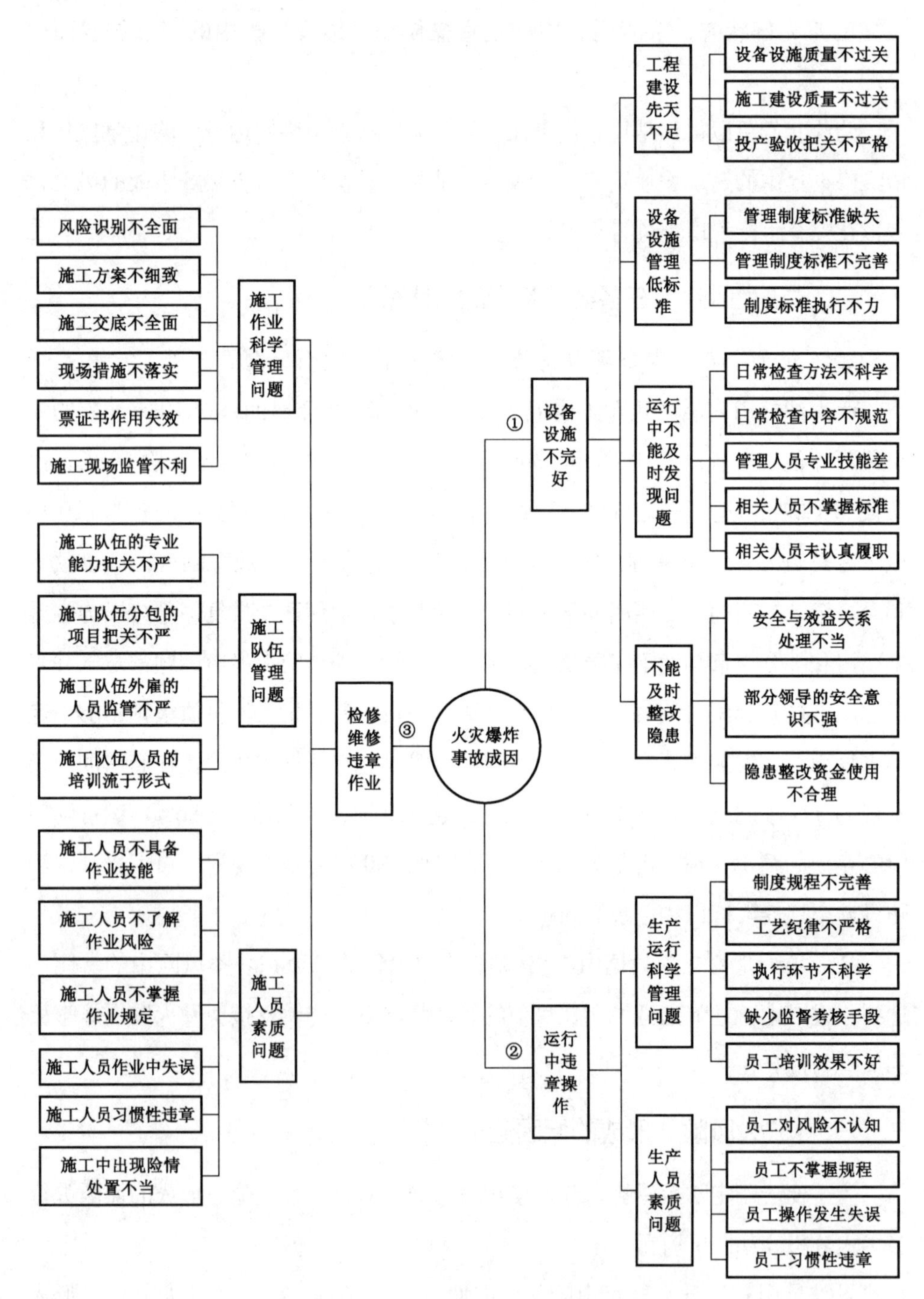

图 1 “三大风险”形成原因的思维导图

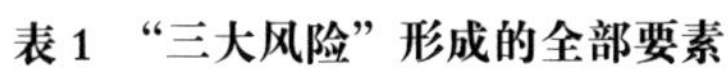

表 1 "三大风险"形成的全部要素

事故	原因		
火灾爆炸事故成因	设备设施不完好	1．工程建设先天不足	1）设备设施质量不过关； 2）施工建设质量不过关； 3）投产验收把关不严格
		2．设备设施管理低标准	4）管理制度标准缺失； 5）管理制度标准不完善； 6）制度标准执行不力
		3．运行中不能及时发现问题	7）日常检查方法不科学； 8）日常检查内容不规范； 9）管理人员专业技能差； 10）相关人员不掌握标准； 11）相关人员未认真履职
		4．不能及时整改隐患	12）安全与效益关系处理不当； 13）部分领导的安全意识不强； 14）隐患整改资金使用不合理
	运行中违规操作	5．生产运行科学管理问题	15）制度规程不完善； 16）工艺纪律不严格； 17）执行环节不科学； 18）缺少监督考核手段； 19）员工培训效果不好
		6．生产人员素质问题	20）员工对风险不认知； 21）员工不掌握规程； 22）员工操作发生失误； 23）员工习惯性违章
	检修维修违章作业	7．施工作业科学管理问题	24）风险识别不全面； 25）施工方案不细致； 26）施工交底不全面； 27）现场措施不落实； 28）票证书作用失效； 29）施工现场监管不力
		8．施工队伍管理问题	30）施工队伍的专业能力把关不严； 31）施工队伍分包的项目把关不严； 32）施工队伍外雇的人员监管不严； 33）施工队伍人员的培训流于形式
		9．施工人员素质问题	34）施工人员不具备作业技能； 35）施工人员不了解作业风险； 36）施工人员不掌握作业规定； 37）施工人员作业中失误； 38）施工人员习惯性违章； 39）施工中出现险情处置不当

从上述分析中，可以得出结论，只要在管理上消除“三大风险”形成的39个要素，就能从根本上杜绝火灾爆炸事故的发生。

建 议

一、关于源头控制

工程建设是安全生产的源头，目前的建设项目中，我们高度重视了设计上的高标准，采取了安全评价及HAZOP分析等诸多控制手段，但却忽视了设备采购和工程施工的质量控制，投产后设备设施留下大量的隐患。此类问题需要在集团公司层面加以解决。

（1）依法规范设备采购。完善集团公司设备采购管理制度及相应的标准体系，确保工程项目中使用设备设施的质量都能达到设计要求，并安全、稳定、长周期运行。

（2）规范施工队伍的选用和管理。建立集团公司施工队伍管理制度及相关标准，明确各类建设项目应该选用什么资质的施工队伍，明确相应资质的施工单位应该具备什么样的技术和管理实力，确保每台关键设备都能由具备相应专业技术资质的施工单位和人员施工。

（3）按安全和质量要求倒排工期。在确定工程建设项目的工期时，要在充分论证的基础上，按安全和质量保障措施全部落实制定施工方案，按施工方案倒排工期，确保有落实安全防范和质量保障措施的时间。

（4）实行工程建设质量问责制。建立集团公司工程建设质量管理制度和相应标准体系，对达不到设计要求、达不到使用周期以及投产后存在重大隐患和质量问题项目的相关人员进行问责。

二、关于设备和生产运行管理

设备和生产运行管理是安全工作的主体，近年来在落实相关部门的直线责任方面采取了诸多措施，但仍存在安全责任落得不实、专业人员配备不规范、管理方法不科学等问题，需要在集团公司、板块和地区公司三个层面进一步改进。

（1）落实管理部门的直线责任。要通过完善制度或工作标准，将安全工作内容切实融入板块、地区公司及其二级单位设备和生产运行管理部门的日常工作之中，实现安全与生产运行管理的“五同时”，真正落实机、电、仪、技术、调度等生产指挥部门的直线责任。

（2）规范专业管理人员的设置。集团公司人力资源管理部门应规范地区公司、二级单位设备和生产运行管理部门人员的设置，并在相应的设备和生产运行管理部门中设专职安全管理人员，为落实直线责任提供人力资源保障。

（3）规范各类日常和专业检查。各板块应进一步规范岗位巡检的内容，进一步明确日、周、月、季度等专业检查或综合检查的时间和检查内容，并制定相应的检查表，通过科学的方法确保各类检查不流于形式，能及时发现问题。

三、关于员工安全培训

安全培训是提高各级员工安全技能的重要途径，尽管目前安全培训工作已经普遍开展，但仍存在培训内容随机性强、考核流于形式的问题，安全培训的效果满足不了实际工作需要，需从根本上加强。

（1）落实安全培训主体责任。制定集团公司安全培训管理制度，明确各级人力资源部门的安全培训主体责任，规范各级管理人员的提职、换岗及定期培训的内容、时数和考核方式，全面实施安全培训师制，加强培训过程的管理，确保管理人员的培训效果。

（2）规范员工安全技能培训。将岗位员工安全培训内容纳入集团公司职业技能鉴定之中，补充完善各工种职业技能鉴定教材的安全内容，将员工的安全技能作为与相应岗位技能评定的基本条件；并进一步规范员工定期培训、日常培训的内容和方式，确保员工安全技能的不断提高。

（3）规范外来施工人员培训。明确甲方、工程承包方、分包方等各级安全培训的责任及培训内容、时间、方法和考核等，并通过分级管理等方法，对危险程度相对较高的作业项目的相关人员进行重点培训。

四、关于安全环保与节能部工作推进的建议

（1）大力推进安全工作关口前移。一是以安全措施落实在基层、安全问题发现在基层、解决在基层为出发点，以 HSE 体系推进为载体，充分利用“三基”工作及标准化车间、标准化班组建设等手段，推动安全生产制度标准的全面落实，促进员工安全习惯的养成，实现安全管理水平的全面提高；二是将 HSE 体系审核工作前移到地区公司，与地区公司及其二级单位的定期安全生产检查工作有机结合。

（2）推进一把手安全责任的落实。尝试地区公司、二级单位及车间的安全工作由一把手直接管理的模式，使一把手的安全责任与管理内容相统一，促进一把手对安全工作的重视落实到实际行动上。一把手的直接责任落实了，分管领导及相关部门安全工作的直线责任才能真正落实。

（3）改进完善HSE体系推进工作。总结HSE体系推进的经验和不足，注重HSE体系与传统管理方式的有效融合。如将HSE体系中的“两书一表”与施工方案、施工组织设计相融合，将“观察与沟通”与日检、周检、月检等传统检查方式相融合等，使传统的管理方法赋予新内容，将HSE的理念、要求和措施落实到生产、经营、建设等各部门的各项工作之中，避免由安全部门“另起炉灶”现象的发生。

（4）加强事故隐患的管理。一是要制定集团公司事故隐患管理的制度；二是要明确企业隐患治理资金渠道；三是要建立隐患管理数据库，对包含在数据库内的隐患，各企业可在不另行论证和审批的情况下直接安排整改，形成隐患整改的绿色通道；四是建立各级隐患管理台账，对各类隐患的整改情况进行跟踪管理。

（5）整合应急队伍和资源。鉴于目前应急救援队伍业务发展不平衡、布点不合理的现状，结合专职消防队布点均匀但任务量不饱和的实际情况，建议整合集团公司各类应急救援队伍和资源，建立以专职消防队为依托，各类应急救援一体化的专业化应急救援队伍，并在集团公司层面上设立管理机构，对各应急救援队伍实行专业化管理。

（6）调整完善安全环保与节能部机构设置。鉴于目前安全环保与节能部多数业务处室工作深度交叉，每个处室都能独立对基层下达工作指令，板块和基层单位不堪重负的实际情况，建议在下一步深化改革过程中，探讨调整安全环保与节能部机构设置，按政策法规处、安全技术处、事故及隐患管理处、应急队伍建设指导处、安全监督一处、二处、三处的模式设置安全处室。

启 思

海因里希法则告诉我们：一起亡人事故背后有29个轻微事故，每个轻微事故背后有300个事故苗头，每个苗头背后约有1000个事故隐患，也就是说众多微小因素中的任何一个，只要任其发展都有可能酿成一起重大事故。

作为易引发火灾爆炸事故的“三大风险”，则是安全工作的重中之重，只有找出“病根”，摸清“病理”，然后再对症下药，科学开出“药方”，以确保药到病除。这就要求我们的安全隐患排查治理工作必须要在“精准”上下功夫，切实化解三大风险，真正提高安全生产保障水平。

如何加强储备库与机械清罐安全风险防控

油库是储存油料的基地。油料具有易燃、易爆、易挥发和流动性等特点，因此，加强油库安全管理，及时发现和消除油库安全工作中的不安全因素，杜绝各类事故的发生，具有重要的意义。加强油库安全管理，重要的是找出油库事故发生的规律，弄清油库安全管理工作的特点，有针对性地发现问题，采取相应措施解决处理并及时反馈处理结果和实时评价。

开展标准化建设，强化大型油库的安全环保监管

——大型油库安全风险的分析与对策

集团公司安全环保与节能部消防与交通安全处

2015年4月9—25日，消防与交通安全处联合储备油公司组织对其所管理的19家油库进行了全面“体检”式的安全专项检查。本次检查包括工艺、设备、安全等16个专业，检查前制定了604项条款的《石油储备库安全生产检查表》，重点检查了油库的依法合规、设备设施完整性、运行管理及隐患整改等情况。

本次检查共查出各类问题804项。其中，依法合规方面问题209项，设备设施完整性问题127项，运行管理问题104项，制度规程不完善问题33项，制度执行不严问题183项，员工培训问题17项，标识和记录等其他问题131项。通过对储备油库检查情况进行系统分析，我们认为目前大型油库存在以下安全风险：

一、未取得合法经营许可的法律风险

本次检查的19个油库中依法合规性许可证、危险化学品登记证以及环保、消防、安全设施、职业卫生验收批复等方面存的问题11项，涉及6家单位。长

春成品油库因未办理开工许可证，消防、安全设施均未验收，因没有应急排放池未取得环保验收批复。某商储库因事故排放池容量不满足某地方标准中规定，环保未获验收批复，现正在与当地环保部门协调。某商储库因库区周边居民区拆迁问题没有解决而未取得环保验收批复。某商储库因建设时调整了急排放池容积，未取得环保验收批复，目前正在与环保部门协调解决。某商储库因政府职能转变尚未取得安全生产许可证、危险化学品登记证；环保验收文件已提交，目前等待批复。

二、设备设施不符合标准的合规性风险

设备设施合规性 198 项问题中，84 项为标准升级带来的问题，114 项为与相应标准不符的问题。前 84 项问题中，泡沫堰板和消防道路宽度不够等消防问题 34 项，静电消除设施等问题 24 项，高低液位报警设置等问题 18 项，应急排放池和污油池等问题 7 项，周界防范等治安保卫问题 1 项，均为设防水平定位方面的问题。后 114 项问题中，有消防 93 项，均为消火栓、消防管道、阀门等设置方面的缺陷，其他 21 项问题为设备安全护栏、人体静电消除设施、可燃气体报警器探头高度等方面的问题。

三、设备设施不完好引发事故的风险

在 127 项设备设施完好性的问题中，运行设备问题 65 项，主要为油罐腐蚀问题、部件老化、保温层进水等问题，个别单位还存在抗风圈开焊、中央排水管漏油等较大隐患；自控仪表等问题 18 项，主要是腐蚀和故障问题；电气问题 14 项，主要是电气设施防爆问题和防雷、防静电和保护接地故障；消防问题 25 项，多数为阀门泄漏或系统局部故障；治安保卫问题 5 项，均为视频监控故障。上述问题反应出油库设备设施运行方面仍存在风险，这些问题中有些虽然短时间内不至于引发事故，但因不能被及时发现，在未采取有效管控措施的情况下，仍存在引发事故的可能性。

四、违规运行与操作引发事故的风险

在 104 项违规运行与违规操作问题中，有 15 项工艺运行问题，主要为高低位连锁未投用、摘除连锁不审批、超液位运行、可燃气体浓度超标、不按工艺参

数操作等问题；有21项设备运行问题，主要为阴极保护运行、安全阀管理、输油泵盘车等问题；有14项仪表运行问题，主要为可燃气体报警器未投用、报警未及时处理、感温电缆故障等问题；有10项电气运行问题，主要是电气设施带病运行问题；有44项消防问题，主要是系统及阀门状态影响火灾时正常使用问题，检查中我们对14个油库的消防冷却水系统和泡沫灭火系统进行了测试，多数单位存在灭火剂上罐时间不达标、流量不足以及员工操作熟练的问题，个别单位还存在消防系统不能启动，灭火剂不能释放等问题。上述问题反映出部分单位对运行风险不能认知、工艺纪律执行不够严格以及消防设施管理滞后于运行设施的问题，也是能够直接引发事故或者不能及时发现事故苗头、不能及时将事故消灭在初期状态的重要因素。

五、规章制度和操作规程不完善的风险

在33项制度规程不完善问题中，有14项工艺问题，如缺少油罐二次密封内及内浮顶罐浮盘上方空间可燃气体浓度监测的制度、操作规程或操作卡中缺少收付油流速控制内容、没有油罐切水定期分析的管理制度、部分变更没有调整规程等；有11项仪表和电气问题，主要是没有可燃气体报警器、光纤光栅、柴油发电机、蓄电池等管理和监测方面的规定；有8项应急预案问题，均为实用性不强、内容与实际情况不符，处置步骤次序颠倒等问题。

六、规章制度执行力不够带来的风险

在183项规章制度执行力不够的问题中，有42项为设备方面问题，如未进行基础沉降监测、未进行罐顶和罐壁厚度检测、未按规定定期盘车以及现场设施管理低标准等问题；有仪表、电气问题105项，多为仪表间和变配电间管理问题以及防爆接线口封堵以及各类接地等问题；有消防问题14项，多为消火栓积水未及时清理、消防设施为按要求定期检测等问题；其他问题为未按规定配备治安防恐装具、未按规定进行职业卫生检测以及作业许可证等方面问题。

七、员工培训与基础管理中存在的风险

在本次检查中，就员工教育培训相关问题访谈了岗位人员，发现问题17项，均为对关键操作步骤、应急处置方法、消防设施操作等内容了解和掌握不够

的问题。通过查阅各类台账、资料，发现各种标识、台账和记录等其他问题 131 项，这些问题均为相关人员业务能力不够、工作标准不高等因素造成的，在一定程度上反映出安全环保管理的理念需要进一步提升，员工安全习惯需进一步养成的问题。

分析上述问题的深层次原因，一是油库缺少统一的、操作性强的油库管理标准，工艺、设备、自控、消防等专业管理要求不够，致使各类问题不能被及时发现。二是部分储罐随使用年限的增加，以及风沙和沿海等各种恶劣环境因素影响，设备设施腐蚀等问题凸显。三是部分油库管理和操作人员在数量上、素质上不适应，部分专业技术人员明显不足。总结本次专项检查的经验，针对商储油库运行管理中存在的安全问题和风险，举一反三，借助其问题全面彻底整改。

建 议

一是开展大型油库标准化建设工作。安全环保与节能部组织指导商储油公司，以安全监督检查为主要内容的商储油库管理标准起草为试点，条件成熟上升为集团公司大型油库管理标准。

二是研究合规性问题整改指导意见。指导商储油公司并邀请相关专家参与，对本次检查提出的合规性问题进行统一论证，明确不同规模的油库所应执行的标准规范，分类制定各类问题整改指导意见。

三是强化大型油库的安全环保监管。督促指导商业储备油公司以及有关专业公司定期或利用体系审核时机，对所属大型油库进行安全环保重点监督检查，并督促问题整改。

四是定期组织大型油库专项安全抽查。总结本次专项检查经验，定期组织对敏感地区、管理薄弱等高风险的大型油库进行体检式的专项抽查，2015 年底前完成对营口鲅鱼圈地区及国储库的专项检查。

启 思

没有标准就没有规矩，没有规矩势必造成各行其是，纷繁散乱，无秩无序。应该说，管理的现代化，必须从建立统一、科学、先进的标准做起。

我们提出的标准建设必须有一个系统思考。以油库管理来说，从油库的建设到油库的管理，从检查项目到员工培训，都要制定出科学的标准，并以执行这些标准为依据进行管理。标准的制定起点要高，要瞄准国际先进水平，大力推进与国际标准接轨。标准的执行要严，不能只是把标准挂在墙上，而应成为管理的法度与准则。唯此，才能使集团公司快速向国际石油公司的目标扎实迈进。

地下储气库运行中因频繁强采强注使得地面设施、井口井筒以及地层循环承受着压力波动载荷冲击，由此可能引发设备失效、注采井损坏、地层断裂或溶腔变形，气体泄漏、火灾爆炸等安全风险较常规天然气开采更高且更加复杂。

加强专业化管理，确保地下储气库安全环保风险受控
——地下储气库安全生产管理的思考和建议

王嘉麟　张建明

与欧美发达国家相比，我国地下储气库业务还处于起步阶段，设计建设、运行管理和安全风险的管控都处于探索实践中，安全环保管控风险高、法律风险大，与“不安全不建设、不安全不生产”的承诺存在明显差异，必须引起高度重视，以确保地下储气库安全环保风险管理的受控。

根据集团公司安全环保与节能部领导的要求，安全环保技术研究院对集团公司在运地下储气库安全生产管理进行了研究。通过组织有关专家赴华北油田、大港油田、CPE华北分公司走访，查阅、梳理国内外相关资料，结合新《安全生产法》、《环境保护法》等要求和相关资料，针对研究中发现的专业化管理、标准化建设等方面的突出问题，提出建议供领导参阅。

一、集团公司储气库发展现状和运营管理模式

（一）建设现状

目前集团公司在运行或者试运行的储气库（群）有8座，其中6座为油气藏型、2座为盐穴型。正在建设或计划建设的储气库（群）还有多座。

（二）管理模式

目前集团公司地下储气库运营，全部作为兼管业务和附属设施，与管道或油气田运行形成业务托管关系，尚未形成专业化管理模式。

1. 苏桥储气库

苏桥储气库隶属华北油田公司，按照华北油田公司机构编制设6个机关科

室和5个业务机构，分别是地质研究所、工程技术研究所、苏桥天然气注采作业区、工程大队、测试大队。日常运行中，除压井等应急作业依托渤海钻探公司、管道应急抢险依托管道局以外，均由油田内部机构予以保障。

2．大港储气库

大港储气库隶属北京天然气管道有限公司，参照长输管道场站设置标准，储气库设综合、调度室、生产科、安监站、财务、党群6个科室及大张坨储气库管理站、板876储气库管理站、板中北/板中南储气库管理站、板808/828储气库管理站、分输站、公用设施管理站、线路管理站、维修中心等8个基层单位。日常运行中地面日常检维修和应急依托北京天然气管道有限公司朔州检维修队房山及唐山站，地下日常检维修和应急依托渤海钻探公司及大港油田井下公司；注采过程产生的油、水依托大港油田进行处理，用电也由大港油田供应；消防依托大港地区消防队；压井等应急作业依托渤海钻探公司和大港油田井下作业队伍，管道应急抢险依托管道局。大港储气库群，已纳入SCADA系统，实现调控中心、北京天然气管道有限公司大港储气库分公司、站三级监控。

二、地下储气库安全管理问题分析

（一）安全环保风险高，管控难度大

地下储气库运行中因频繁强采强注使得地面设施、井口井筒以及地层循环承受着压力波动载荷冲击，由此可能引发设备失效、注采井损坏、地层断裂或溶腔变形，气体泄漏、火灾爆炸等安全风险较常规天然气开采更高且更加复杂。国外地下储气库事故统计表明，在盐穴型储气库的27例事故中，7例由储层原因引起、11例由储气井失效引起、7例由地上装置引起；在枯竭油气藏的26例事故中，6例由储层原因引起、5例由储气库井失效引起、3例由地上装置引起。盐穴地下储气库引发事故的失效原因按统计频次从高到低排序为：套管失效、水泥固井质量差、封隔器失效、盐岩蠕变。综合分析地下储气库安全风险主要表现在以下几方面。

1．油套管损坏风险

井下油套管在长期运行过程中受高压大流量注采气冲蚀、循环载荷、地应力

不均匀、物料中酸性气体（硫化氢、二氧化碳）及盐卤侵蚀极易发生腐蚀、穿孔、断裂和密封失效，使得天然气泄漏至地面从而引发火灾和爆炸事故。1988年3月德国Teut schent hal市的某盐穴地下储气库因井下118m处套管连接失效而发生泄漏；2001年1月美国中部堪萨斯州哈钦森储气库，因套管损伤失效，导致天然气泄漏引发了火灾爆炸事故；2003年12月美国路易斯安那州储气库因套管失效，致使盐穴上方注采井套管断裂，导致天然气泄漏；2001年1月17日美国堪萨斯州哈钦森市Yaggy盐穴储气库S-1号井由于井下套管泄漏而发生爆炸。

2．固井、封井质量风险

注采井需要满足长期承受交变载荷变化、地层不均匀挤压和服役时间长（30～50年）的要求，故对完井质量提出更高标准，如果固井工艺和水泥浆体系选择不当、固井作业不到位易造成注采井固井环空水泥松脱，出现裂隙进而产生天然气窜漏等不安全因素。枯竭油气田老井受使用年限较长、介质腐蚀以及当初完井质量标准低的影响造成井下油套管腐蚀、变形，致使封堵难度大、质量不易保证，由此可能引起管外串气和底层漏气，继而引发安全事故。2006年10月美国科罗拉多州地下储气库，因固井质量存在问题，注采气井发生泄漏，当地13户家庭紧急疏散；2003年德国巴伐利亚储气库，因固井质量缺陷，导致井筒环空压力升高；1980年美国密西西比州储气库，因水泥固井质量差，导致天然气泄漏。

3．井口泄漏风险

井口阀组管线因腐蚀、密封不当、制造缺陷以及人员操作失误等可能出现损坏造成泄漏，从而引发泄漏气体燃烧爆炸和人员中毒。井下安全阀地面控制系统失效造成井场发生火灾或爆炸情况下不能自行关闭，进而扩大事故规模。2001年8月，加拿大萨斯喀彻温堡的某盐穴储气库由于连接两个井口的管道弯头因锻造缺陷失效，导致乙烯井口泄漏形成蒸气云，引发大火并持续燃烧了一周。2004年3月，美国Texas的Odessa盐穴地下储气库因井口法兰的金属垫片失效造成丁烷泄漏；2004年8月美国Texas的Moss Bluff盐穴地下储气库因井口设施管道破裂造成天然气泄漏，并引发火灾和爆炸。

4．气藏储层风险

地层承受交替性的增压和减压可能引起断层新活动，从而诱发地震或导致气体迁移。油气藏型储气库往往不同程度地与油气生产区域重叠，油田勘探开发钻井极易破坏储气库的封闭构造，造成圈闭环境损坏引发泄漏。2014 年国内某油田就有 2 口井钻漏了储层构造。美国加州储气库从 1940 年至今由于地质构造的断裂导致气体迁移至临近地区造成损失。

盐穴储气库在采卤造腔过程中，由于采用水溶法开采卤水，当上层存在松散岩类含水层时，一旦盐腔与浅层含水层沟通，则可能引发盐岩蠕变、临近盐穴联通和盐层顶盐岩溶解，进而引发盐穴顶板坍塌，导致地面塌陷等地质灾害。1998 年 9 月 14 日美国 K-6 页岩层塌陷，导致大约 600ft 下的套管损坏，检测仪器不能下到 674ft 以下，10 月份放掉天然气。

5．应急处置与救援风险

已建成的数座地下储气库和拟建的多座地下储气库地处人口稠密地区和经济发达地区，一旦发生泄漏易引发类似开县气井井喷事故，现有的管道业务应急组织体系、维抢修救援能力和井控保驾能力，距快速应急救援要求尚存在一定差距。

（二）标准规范建设滞后，存在较高的合规性风险

作为保障天然气管道安全运行和平稳供气最有效的途径，美国和加拿大及其他很多国家都把地下储气库建设作为天然气上下游一体化工程的重要组成部分。美国就长输管网地下储气库建设制定了相关法律，主要依据《天然气法》、《能源政策法》等监督储气库建设，同时美国石油协会也制定了一系列储气库建设规范，如《盐穴储气库设计标准》。加拿大标准委员会于 2002 年出台了包含废弃油气藏储气库、盐穴储气库和矿坑储气库的建设规范，从使用范围、钻完井技术、库容、地面设备和安全等方面指导本国储气库建设。

相比之下我国地下储气库相关法规标准缺乏，截至目前仅有《枯竭砂岩油气藏地下储气库注采井射孔完井工程设计编写规范》等六项地下储气库行业标准实施，虽然各运行企业根据自身管理要求制定了本企业的管理标准和规范，但不能从国家或行业层面形成统一的要求，地下储气库建设、运行大部分情况还只能参

照现有油气开采、管道建设运行有关要求和标准规范执行，特别是在安全环保管理方面，凸显针对性和专业性不足，储气库安全运行难以在制度和标准上给予保障。

（三）涉及专业繁多，安全管理难度大

地下储气库建设运行包括新钻注采井、老井封堵、注采场站、工艺管线建设和注采运行、地面设施和注采井维护、气藏和地面监测等运行管理，因此其安全管理工作面临涉及专业面广、对从业人员素质要求高等因素影响。专业面广是指包括地质、勘探、钻井、录井、测井、完井、采气、机械、电气、自动控制等。从业人员素质要求高是指对注采工程师专业知识技能要求多、要求广，专业跨度大，现有储气库相关技术人员难以全面满足要求。另外，目前运行的储气库无论是油田企业还是管道企业管理，都属于非主营业务。同时，有大量业务采取对外承包，对承包商的安全环保管理、风险管控能力等存在诸多不确定因素。

建 议

一、加强专业化管理

地下储气库的运行管理与油气田企业的油气生产作业既有众多相似之处又有明显差别，但油气田企业拥有丰富的油气藏描述、油气采输、工程作业、应急抢险和油地协调的工程技术经验和管理经验，更有利于向地下储气库专业方向嫁接，同时技术力量、装备水平、物资保障也具优势，可以更好地满足地下储气库设计建设、运行管理过程中各项风险的管控，从而最大限度地确保地下储气库的安全运行。建议依托油气田技术力量和管理力量培育地下储气库专业化管理能力。

二、完善标准规范体系

地下储气库的建设运行具有高风险的特点，作为集团公司的新型业务建立起完善的标准规范体系非常迫切。目前储气库固井质量评价标准、老井检测和评价标准、钻完井技术和老井封堵规范、注采井设计标准、气藏监测相关标准、安全运行规范等设计、运行制度规范在集团公司层面和行业层面严重缺乏，安全生产制度标准体系尚未形成，致使地下储气库实现专业化规范管理缺标可循。建议建立集团公司地下储气库建设运行的标准规范体系，按照轻重缓急有计划地制定相关标准。

三、开展专题研究

地下储气库作为一项新的储气模式和新生产运行模式，在国内外都得到迅速发展，从目前掌握的事故资料和运行实际情况来看，在安全环保方面存在较高的风险。地下储气库安全环保管控工作已经引起集团公司及有关部门的高度重视，必须在专业管理、标准化建设及技术研发等方面配套开展工作。但是，与该项业务在我国发展处于初期阶段一样，我们目前掌握的资料和案例都很有限。为了提出一个全面、系统和专业的研究报告，我们建议安全环保研究院组织政策法规、安全环保技术等专业人员，成立专门工作组，在集团公司安全环保和有关业务部门、专业公司的大力支持下，进一步调研、收集、整理国外地下储气库安全运行经验和事故案例，提出标准化建设方案、专业化管理建议以及急需解决的重大技术课题，为集团公司地下储气库业务管理提供强有力的安全环保技术支持。

地下储气库作为一项新的储气模式和新生产运行模式，在国内外都得到迅速发展，与欧美发达国家相比，我国地下储气库业务还处于起步阶段，设计建设、运行管理和安全风险的管控都处于探索实践中，安全环保管控风险极高。作为异于其他项目的安全监管，就更需要我们进行科学的研判和分析，发现根本性、普遍性和深层次问题，抓住遏制事故的关键点，加强安全标准化建设，实行长效管理，确保地下储气库安全环保风险管理的受控。

石油化工企业由于各种原因需人员进罐开展人工清罐，因着火、爆炸或缺氧窒息等原因，使群死群伤事故时有发生。因此人员进罐清罐作业是集团公司安全生产重大风险隐患之一。为消除隐患，建议强制推行机械清罐。

完善隐患排查治理机制，杜绝重大安全环保风险隐患

——对持续抓好机械清罐工作的思考与建议

李建强

一、清罐中重大风险隐患产生的原因及规避措施

油品储罐使用一段时间后，因油品中的泥沙、铁锈等杂质沉积，或使储罐的有效容量减少，或影响油品品质，有时或因罐内加热器等内部设施损坏需要清罐检修，因此平均5年要清洗一次。

目前国内的油罐清洗方法主要有人工清罐或机械清罐两种：

（一）人工清罐

人工清罐的方法是，人员入罐锹铲镐刨清理含油淤渣，将含油淤渣清出罐后再派人进罐进行高压水清洗。这种清罐作业：一是危险性大，作业人员时常要在易燃易爆的受限空间内冒险作业，特别是非专业性队伍，若所用的非防爆工具、照明设备及电线、防静电着装等条件稍有差错都将引发火灾爆炸，或因通风不畅引发窒息等群死群伤事故；二是罐底油品收率低，造成效益流失。三是易造成环境污染，由于灌底淤渣中的油品无法在现场进行有效回收，在周转过程中极易造成污染环境。

（二）机械清罐

机械清罐的基本原理是，有一套机械清洗设备，主要由抽吸、清洗、油水分离、惰性气体注入系统和氧气及可燃气体浓度在线检测系统5大部分构成，比较适用于容积1000m^3立式圆柱形储罐清洗，整套设备的主要工作原理是：

（1）抽吸部分中主要有真空泵、真空罐，通过连接软管从被清洗罐底部排污口处，把可流动的油品抽吸、转移到其他油罐中。

（2）清洗部分中主要有换热加热器、清洗喷射枪和加压泵，以清洗原油罐为例，用加热器把原油加热到 60℃左右，通过加压泵加压到 6kg/cm^2，经清洗喷射枪喷射到不流动的淤积物上使其溶化流动，再经抽吸、转移到其他油罐中，抽吸、转移管路中装有过滤器，能将泥沙等固体渣子分离除去。喷射枪头以压缩空气为动力可进行 360° 水平旋转和垂直方向 140° 转角，以实现清洗目的。

（3）油水分离部分中主要是一个油水分离槽，当固体淤积物溶化清除后，要用热水清洗罐体，抽出的含油污水要进行油水分离，污油经管线回收到油罐内。

（4）惰性气体注入系统，使用惰性气体（如氮气或二氧化碳气等）控制罐内氧气和可燃气体浓度，整个施工过程都是在惰性气体保护下实施的，避免了因喷嘴高速喷射产生静电等问题带来的安全事故。

（5）氧气及可燃气体浓度在线检测系统，为确保注入的惰性气体能调和罐内的氧气及可燃气体浓度在安全范围内，整个清洗作业过程中实施全过程监控，确保安全清洗。

由于油品储罐密闭式机械清洗，是在全密闭、惰性气体保护下实行全过程机械化清洗，因此与人工清罐相比具有四大优点：一是杜绝了清罐时着火爆炸等安全事故；二是罐底油几乎全部得到回收，经济效益显著；三是降低污油污染环境风险；四是机械化连续作业，极大地缩短清罐作业时间，提高油罐周转利用率。

二、集团公司现有油品储罐和开展机械清洗情况

（一）集团公司现有油品储罐情况

经统计集团公司现有 1000m^3 以上容积立式圆柱形油品 8500×10^{4}m^3，平均每年约有 1700×10^{4}m^3 油品储罐适合开展机械清洗。经统计 2014 年共完成机械清罐 489.3×10^{4}m^3，仅为应开展机械清洗数量的三分之一，因此在清罐作业中还存在较多重大风险隐患。

（二）制约开展机械清罐的问题及原因

经过调查分析，地区公司对开展机械清罐热情不高，行动迟缓，究其原因有如下几方面：

（1）存在个人或小团体利益方面的原因，部分企业对推行机械清罐意愿不高，仍采取人工清罐，有涉及清罐罐底油品回收方面的经济利益原因，因而对机械清洗不够积极主动。

（2）涉及设备维修费专项考核方面原因，通常清罐费由设备维修费列支，但有时因受设备维修费用的专项考核，又制约了采用储油罐的机械化清洗工作的开展。

（3）部分专业分公司的相应设备管理部门缺乏对所属企业油罐机械清洗的统一协调管理，也制约油罐机械清洗工作的开展。

建 议

（1）落实责任制，责成各专业分公司指定具体部门，担负起储油罐的机械清洗的组织协调工作。集团公司要限定容积 1000m^3 及以上圆柱形立式储罐都应进行机械清罐，对目前不适合机械清洗的储罐，也要选用专业队伍并且限定每次进罐人数，以杜绝群死群伤重大危险隐患。

（2）集团公司要严令所属企业清罐中的油品，不论机械清洗还是人工清洗，都应全部回收，清罐中的任何油品不得以抵偿清罐费或油渣处理费的名义外流。罐底废渣要按环保要求进行无害化处理。地区公司可责成纪检部门加强罐底油的去向监管，使之公开透明，严防暗箱操作，集团公司可对此进行效能监察立项管理。

（3）集团公司在制定设备维修费的专项考核指标时，对机械清洗费用因素给予综合考虑，同时要责令企业针对清罐油品回收开展好效能监察。

启 思

安全管理工作一定要从生产方式与工作方法上进行改进与提升。落后的工作方法必须淘汰，先进的工作方法必须强制推进。

从危险性极高的人工清罐工作来看，我们曾有异常惨痛的教训。固然，这里有违规操作、违章作业的原因。但如果改变工作方法，全面推动机械清罐方法的普遍应用，那么，必然会从本质上消除人工清罐的巨大风险。因此，我们可以得出结论：一种科学先进的工作方法的推广应用将使我们的安全管理进入一个新境界，提升一个新水平。在推进新方法的应用上，要求要严，力度要大，在风险极大的环境中产生的利益必须放弃，因为企业与员工的安全才是我们最大的利益。

如何做好海上油气生产风险管控

海洋石油开发是世界上公认的安全风险最大的作业之一。海洋石油作业环境恶劣，活动空间狭小，技术含量高，设备、设施高度集中；各种危险、危害因素多，集中有大量的易燃易爆物质，不可预见的自然危害也多，极易发生重特大事故；作业地点多远离陆地，一旦发生事故，救援逃生非常困难。因此，广泛地从事故中汲取教训，加强危害辨识和风险管控，更多地着眼于事故预防，防患于未然，将更有利于实现海洋石油安全生产。

借鉴海上平台典型事故，加强危害辨识与风险管控

——探讨如何加强海上油气生产风险管控

集团公司安全环保与节能部海洋作业安全监督处

一、海上油气生产平台典型事故案例

在世界海洋石油开发史上，曾多次发生特别重大事故（表1）。1979年11月25日，“渤海2号”钻井船在渤海湾迁移井位拖航作业途中翻沉，死亡72人；1983年10月25日，美国阿科公司租用的爪哇海号钻井船在莺歌海钻探时遇台风袭击发生海难，船上中外人员81人无一生还；1988年7月，西方石油公司在英国北海的阿尔法采油平台发生爆炸火灾事故，死亡167人；2010年4月20日，BP在美国墨西哥湾超深水区252区块租赁的“深水地平线”钻井平台发生井喷爆炸着火事故，燃烧36个小时后沉没，共造成11人死亡、17人受伤；2015年4月1日，墨西哥国家石油公司（PEMEX）在位于墨西哥湾坎佩切（Campeche）区域内的一海上油气处理中心平台（Abkatun-Pol-Chuc）的一个桩腿式导管架卫星平台（Abkatun A-Permanente）突发大火，事故造成4人死亡，45人受伤，约300名工人从平台紧急撤离，8艘消防船被派往现场灭火，

大火后其部分结构垮塌。平台一名事故亲历者描述，该事故发生在平台天然气处理区。事发时，承包商 COTEMAR 公司员工正在该区域进行电焊作业。PEMEX 声称，由于起火小平台是海上原油处理中心的原油处理卫星平台，事故发生后，及时切断了处理平台的上游管线来油，事故未造成大面积海洋污染。

1988 年 7 月，英国阿尔法平台（Piper Alpha）是一座位于阿伯丁市东北 180km 的北海上的生产平台，因平台生产设施检维修作业管理不善，没有严格执行相关作业程序，启动了压缩机房内的一台存有安全隐患的凝析油注入备用泵，造成凝析油冲破盲板法兰大量外泄，引起大火和爆炸，导致平台翻沉，事故造成 167 人死亡。

表 1　全球海洋石油十大最昂贵的事故

序号	平台名称	发生日期	发生地点	直接损失，美元
1	美国深水地平线号半潜平台	2010 年 4 月	美国 GOM	超过 10 亿
2	英国北海 Piper Alpha 生产平台	1988 年	英国北海	12.7 亿
3	P-36	2001 年	巴西	5.15 亿
4	Enchova Central	1984 年 8 月	巴西 Enchoval 油田	4.61 亿
5	Sleipner A	1991 年 8 月	挪威大陆架	3.65 亿
6	Issippi Canyon 311 A (Bourbon)	1987 年	美国 GOM	2.74 亿
7	Mighty Servant 2	1999 年	印度尼西亚	2.2 亿
8	Mumbai (Bombay) High North	2005 年	印度海	1.95 亿
9	Steelhead Platform	1987 年	阿拉斯加	1.71 亿
10	Petronius A	1998 年	美国 GOM	1.16 亿

二、海上油气生产平台和处理平台潜在危害分析

海上油气开发平台主要包括井口平台和油气处理平台两种类型。主要生产流程是，油井（油气水）产出液在电潜泵的帮助下（或自喷），提升到井口平台采油树，再经低压（海底）生产管汇汇集到油气处理平台；经加热器加热后进入气

液两相分离器，进行气液两相分离。分离出的液相直接进入生产分离器，分离出的含油污水去生产水处理系统，分离出的原油计量后经外输泵增压至外输。溶解气进行干燥压缩外输或自用或直接进入火炬系统。

平台潜在的主要危险有害因素有：油气泄漏、火灾、爆炸、平台结构失效、电气伤害、起重伤害、高处坠落、落水淹溺、船舶 / 直升机运输、机械伤害、物体打击、其他危害以及自然因素 / 极端气候风险等（表 2），主要危险有害因素为油气泄漏、火灾和爆炸。

表 2　平台主要危险有害因素

序号	危险有害因素类型	序号	危险有害因素类型
1	油气泄漏	8	机械伤害
2	火灾、爆炸	9	物体打击
3	平台结构失效	10	船舶 / 直升机运输事故
4	电气伤害	11	海底管道及海底电缆损坏
5	起重伤害	12	自然因素 / 极端气候风险
6	高处坠落	13	其他伤害
7	落水淹溺		

（一）原油泄漏

生产运行过程中，原油、水和少量伴生气是生产工艺流程中的主要流动介质，原油生产设备、管道、立管及混输管道的相应阀门、法兰接口等可能会因为腐蚀、关闭不严或施工质量不达标等原因导致原油发生泄漏；此外，由于人员的操作不当也可能会造成原油泄漏。原油泄漏危险可能发生在平台原油输送、处理工艺设备设施覆盖的任何区域内。

（二）火灾、爆炸

井口区域的阀门腐蚀可能造成油气泄漏，达到爆炸极限遇火源可造成爆炸；工艺系统内易燃易爆物质在装置本身或作业场所发生泄漏、外溢或聚集，一旦有明火源存在，可能导致火灾爆炸；放空系统的放空管或火炬分液罐液位控制系统故障或人为失误导致液体从放空管或火炬喷出造成火灾及环境污染。

引发平台火灾的火源主要有明火、电火花、雷击放电、静电。作业人员在平台作业区内抽烟、打手机、使用钢质工具敲击、穿带钉子的鞋子登平台、检修中违章接线、临时电气设备不防爆等违章行为、不按规定在危险作业区域内进行电气焊等违章动火作业都会产生明火源；各种电气设备的线路短路、绝缘老化、破损、设备和线路负荷过大或通风不良等均会产生电气火花；作业人员未按要求穿着防静电工服可能会导致人员带静电放电。

（三）平台结构失效

平台结构失效的风险是指平台通常由其他危害引发。火灾、爆炸、坠落物、船舶碰撞、强烈地震、极端气候（风暴潮 / 台风 / 冰凌）、腐蚀等都可能会导致结构损坏失效，致使平台结构发生局部或整体的损坏甚至是坍塌。

（四）起重伤害

海上平台一般都安装有吊机，起重设备故障、安全装置失效、操作人员注意力不集中、违章操作、管理不善等都有可能造成起吊物坠落、吊物与设备碰撞、吊物吊具打击、坠落伤害等。钻修井作业期间，吊装作业更加频繁，发生坠落伤害的风险较大。

（五）高处坠落

平台作业人员在登高进行生产巡查和设备维修时，当防护不当、思想麻痹大意，则可能发生高处坠落等事故。吊机起吊作业中也可能发生高处坠落事故。

（六）落水淹溺

人员落水事故大多与“舷外作业”有关。乘吊笼登离平台、靠船桩登离平台、应急逃离、发生事故等过程均可发生人员落水，在极端环境（如冬季低温、风暴潮）下人员发生落水事故的概率和严重性将显著增加。

（七）机械伤害 / 物体打击

平台上的主要机械设备包括应急发电机、泵等，这些设备均没有外露的运动部件（除驱动轴外），可能因机械故障而潜在抛射物危险。

（八）船舶事故

平台正常生产阶段主要依靠船舶运输保障平台生产生活物资供应，船只作业的频率增加，导致平台的船舶运输的风险增大。

（九）海底管道／电缆破坏

导致海底管道泄漏的原因有管材被物流腐蚀穿透、各种接口密封老化以及船舶抛锚刮断海管等因素。

（十）自然灾害

强热带风暴和台风出现较频繁，台风、热带气旋、地震等极端自然灾害均会导致事故发生，如物体打击、落水淹溺、运输事故、结构失效、碳氧化合物泄漏等。

（十一）直升机风险

直升机起飞降落可能发生坠毁，坠毁事故可能会导致乘员灾难和引起平台的灾难性后果。

（十二）交叉作业

交叉作业会导致多种作业之间的相互影响复杂化，如果作业人员的安全意识淡薄，安全管理工作不到位，就会发生较严重的安全事故，甚至使事故叠加升级。

三、油气生产平台主要潜在风险管控措施

（一）防止油气泄漏应对措施

为了防止油气泄漏事故的发生，首先，应该严格把好设备采购关，采购专业厂家生产的合格设备；关键设备履行第三方的检验，提高设备的可靠性；其次，应制定班组定期系统巡检制度；第三，主要设备应设有责任人；第四，平台必须安装一套有效的生产工艺中控系统，包括压力监测系统、可燃气体监测报警系统和可视探头，报警信号等，并建立中控室24小时值班制度；第五，必须制定一系列的安全管理制度，如JSA分析、作业许可、现场监督等，能够在每项作业前进行风险辨识，有效地降低事故风险。

（二）预防火灾、爆炸应对措施

针对点火源，企业制定《油田防爆电器检查保养制度》、《吸烟安全管理》、《油田中控报警管理规定》、《油田防爆工具管理制度》、《油田静设备管理规定》和《劳动保护用品检查制度》等来防止和控制点火源。在可能发生油气泄漏的场所安装可燃气体探头，当发生泄漏会及时发出报警；平台上的压力容器上安装有安全阀，超压会及时泄放，安全阀每年年检，目前均处于检验周期内；杜绝在危险作业区域内进行电气焊等违章动火作业；根据平台危险区域划分的结果，安装使用具备相应防爆等级的电器设施；按要求穿着防静电工服，避免可能导致人员带静电放电。

（三）防止平台结构失效的措施

平台结构失效的风险是指平台结构发生局部或整体的损坏甚至是坍塌，通常由火灾、爆炸、坠落物、平台钢结构疲劳、船舶碰撞、强烈地震、风暴潮、极端气候、海冰、平台钢结构腐蚀等危害引发。为防止平台结构失效，应定期组织平台结构强度分析和疲劳分析；开展环境载荷（包括风载荷、波浪载荷、海流载荷、冰载荷以及地震）、桩腿强度等校核；加强值班船和穿梭油轮的管理，严格遵守操船规程，定期检查平台助航设备，防止碰撞平台桩腿；采用有效的涂层和牺牲阳极防腐工艺，控制结构腐蚀速度等措施。

（四）防止起重伤害的措施

主要包括：落实平台起重作业许可制度，吊车作业人员必须持有“司索指挥”和“吊车司机”证书，制订吊装作业计划，严格执行吊装作业安全管理规定，应定期检查、维护和检验系物与被系物等措施。

（五）防止落水淹溺的控制措施

使用人员安全装备（如脚手架、梯子、吊篮和绳索），加强舷边作业守护，制定“舷外作业”等相关安全管理制度。

（六）防止机械伤害的控制措施

对平台上的主要机械设备包括应急发电机、泵等运转部件（除驱动轴外）

安装防护外罩；制定并严格落实机械设备操作或维修安全手册，防护不当或违章操作。

（七）防止海底管道及海底电缆损坏的安全措施

制定《海管巡检及安全管理规定》、《海底管线日常管理》、《海底管线应急置换程序》，按照要求对海底管道和电缆进行管理。海底管道在投入运行前发布航行通告，禁止无关船舶进入安全作业区，海底管道（线）、电缆保护区禁止进行抛锚、拖锚及可能危及海底管道（线）、电缆安全的其他活动。设置海底管道应急关断系统，发生异常情况时启动自动报警和关断。

（八）应对自然因素／极端气候风险

建立自然灾害预警制度，编制应急预案，储备应急物资、开展应急演练。

（九）防止直升机坠毁风险控制措施

选用管理严格安全业绩优良的直升机服务公司，平台直升机停机坪获得民航颁发的许可证，制定平台接机安全管理手册，相关人员持证上岗。

（十）防止交叉作业风险的控制措施

在交叉作业中，由于组织分工不明确、指挥不统一和交流不透彻，导致行动不统一，从而引发重大事故。为了防止作业单位之间的相互干扰，避免事故发生，需要制定交叉作业管理制度和作业程序，开展作业安全分析、加强作业中的沟通与协调，加强现场巡查频次，确保员工持证上岗，规范操作。

四、油气生产平台典型事故获得的启示

中国石油海洋油气开发集中在渤海湾滩海区域，现有固定式导管架平台 12 座，滩海井台 8 座，移动式试采平台 5 座，移动式钻井平台 10 座，陆岸油气处理终端 3 座，人工岛 13 座，各类船舶 40 余艘。2009 年以来，海上生产原油产量维持在 $220\times10^4\sim250\times10^4$t。建成了海洋工程公司为代表的、具备平台设计、建造、钻探、生产一条龙服务能力的海洋工程技术服务队伍和应急救援队伍，海上溢油应急救援响应中心达到海上Ⅱ级溢油应急处置能力。

从事海洋石油勘探开发的涉海石油企业共有四家，分别是辽河油田公司、大

港油田公司、冀东油田公司和天时集团能源有限公司，施工作业企业共有九家，分别是海洋工程公司、渤海钻探、长城钻探、东方物探、大庆钻探、中油测井、威德福中国公司、渤海装备公司、管道局；现有59个局处两级单位获得海洋石油安全生产许可证。2005年以来先后海上油气开发共发生三起一般事故，共死亡7人，均系承包商事故（表3）。

表3　2005年至今集团公司海洋石油勘探开发事故统计

序号	日期	事故地点	死亡人数	事故简要情况	事故类型	事故原因
1	2005年3月11日	海南省临高县马袅湾水域	3	某勘探事业部新区经理部2109队爆炸一组，5名工作人员乘坐橡皮艇行至距炮点位置约120m处，炸药包突然发生爆炸，橡皮艇当即沉没。事故造成3人死亡，直接经济损失49万余元	爆炸事故	民爆物品在现场搬运过程中管理不善，橡皮艇底部海水与艇体铝板存在的电位差引爆了地震资料采集专用炸药包，是导致"3.11"爆炸事故发生的直接原因（承包商民爆物品运输管理不善，风险辨识不到位）
2	2009年12月3日	海南作业区海南2号站	3	某浅海石油开发公司滩海陆岸海南23-21采油井发生爆炸事故，造成3人死亡、1人重伤、4人轻伤，直接经济损失84.64万元	爆炸事故	油气井采用气举降液面和小声弹作为声源测液面的联合作业，在负压状态下，套管外游离天然气窜入经补贴的套管内并聚集，在小声弹击发时发生爆炸（风险辨识不到位、采用落后的施工工艺）
3	2013年9月25日	月东人工岛C岛	1	某承包商钻井队员工在人工岛码头卸装货物作业过程中，一名作业人员在拖车上岩屑罐顶部指挥吊装作业时，从岩屑罐顶部坠落地面，造成颅底骨折、脑挫裂伤，经过22天抢救医治无效死亡	高空坠落	甲板长在指挥吊装作业中站位不当，违章停留在岩屑罐顶部指挥吊装岩屑罐就位时，从站立的岩屑罐顶部跌至地面，头先着地，造成脑部重伤（现场监管缺失、风险辨识不到位）

虽然滩海油气开发原油年产量仅有200余万吨，规模不大，但面临的海上风险是一样的，由于目前还没有成熟的滩涂应急救援装备，再加上滩海油气开发地处海洋环境十分脆弱的渤海湾海域，一旦发生海上溢油事故，处置难度更大，社会影响也更大。因此，针对海洋石油开发高风险作业，继续加强设施本质安全设计，建造中严格落实安全生产设施"三同时"制度和发证检验制度；继续强化生

产运行安全管理，要确保安全责任落实、安全管理制度全覆盖、操作手册简明适用、员工持证上岗，要确保油气生产中央控制系统运转高效、各种有毒有害气体探头采集信号准确、应急关断系统动作敏捷，要切实强化危害因素辨识和作业前风险分析，加强现场旁站监督和巡查频次，大力强化“防井喷、防爆炸着火、防溢油、防风暴潮”等安全防范措施，切实筑牢安全生产防线。

建 议

一、加强承包商管理，杜绝违章操作

纵观近十年滩海油气开发三起事故，均系承包商在施工作业过程发生的承包商事故，事故的根本原因：有工艺落后，也有危害有害因素辨识缺项，更多的是现场监管缺失、管理松懈、违章操作。

墨西哥湾卫星处理平台（Abkatun A-Permanente）火灾事故，据悉也是承包商 COTEMAR 公司员工在检维修服务过程中，动火作业引发了泄漏的油气着火爆炸。前述被列为全球海洋石油十大最昂贵的事故之一的英国阿尔法平台（Piper Alpha）着火爆炸事故，也是因平台生产设施检维修作业管理不善，施工人员没有严格执行相关作业程序而引发的。因此，针对海上油气生产处理设施高度密集、员工密度大、处处都是危险区的油气处理平台，要防范平台火灾爆炸，强化承包商管理、杜绝违章操作就显得尤为突出和重要。

按照《非煤矿山外包工程安全管理暂行办法》（安监总局 62 号令）要求，要狠抓承包商监管，严格执行集团公司《承包商安全监督管理办法》，健全承包商安全环保监管机制。突出把好承包商的“五关”管理（队伍资质关、HSE 业绩关、人员素质关、监理监督关、现场管理关），加强承包商安全培训和工程项目风险交底，严格过程监管，认真执行作业许可制度，加强对用电、用火、受限空间等特殊作业审批前的现场检查确认，杜绝违章指挥和违章作业，发现重大问题要及时叫停和督促整改，彻底清退不合格承包商。加强作业前安全分析。

二、认真汲取事故教训，继续强化危害因素辨识与风险管控

建议加强现场安全监管，确保现场安全管理不放松、员工情绪稳定、现场监管不留死角、重大安全风险辨识彻底、应对措施有力得当。尤其是要加强现场热

工动火作业的隔离和旁站监督，杜绝海上油气生产设施火灾和溢油事故发生。

针对BP墨西哥湾“4.20”事故海底井口控制系统失灵、不能实现应有的关井作用、导致海底溢油事态不断扩大这一教训，为防止海上油气开发工艺系统和设备失控引发重大安全事故，我们应该以风险管理为核心，积极在控源头、治隐患、补短板上狠下功夫，定期开展各种工艺技术及油气生产设施、人工岛、导管架平台、陆岸终端、钻井平台等重点部位和关键环节的工艺安全分析与评估，不断强化施工作业过程和工艺流程风险管控措施。

一是认真汲取“蓬莱19–3漏油、锦州9–3海管破损、珠海横琴海底天然气管线破损”等事故教训，强化海上油气生产设施的风险分析与评估，彻查海底管线营运风险。

二是充分汲取BP墨西哥湾半潜式钻井平台井喷爆炸着火事故教训（2010年4月20日）和胜利石油管理局“作业三号”平台在渤海莱州湾作业时发生倾斜事故教训（2010年9月7日，导致36人遇险，其中2人溺水死亡），强化作业设施上的专业设施的检验检测，特别是升降装置、钻机、吊机，以及油气专用设施的专业检验检测。

三是强化特殊施工作业的风险辨识与控制，要加强对初次作业、危险作业、特种作业、陌生海域作业等施工作业过程和工艺流程的风险分析与评估。比如月东油田海上热采、钻井平台拖航和新区作业、穿越航道的海底油气管道等高风险领域或重点工程。

三、严格落实安全生产“三同时”，确保生产平台中央控制系统运行可靠

与BP墨西哥湾“4.20”事故海底井口控制系统失灵、海底溢油事态不断扩大不同，墨西哥国家石油公司声称，卫星处理平台（Abkatun A-Permanente）火灾事故未造成大面积海洋污染，只发现一处飘浮原油带且很快得到控制，其主要原因是油井生产平台及时关断了输入卫星处理平台的油气管道，切断了的油气源。因此，海上平台可靠的中控系统，不仅能有效监控各个生产单元，对有毒有害气体泄漏、火灾发出及时报警，而且能够根据事故位置和事故级别，进行有效的分级关断，防止事故进一步扩大。所以，今后体系审核或现场检查的重点应该增加海上油气生产中央控制系统的评估检查，必要时现场测试紧急关断系统的可

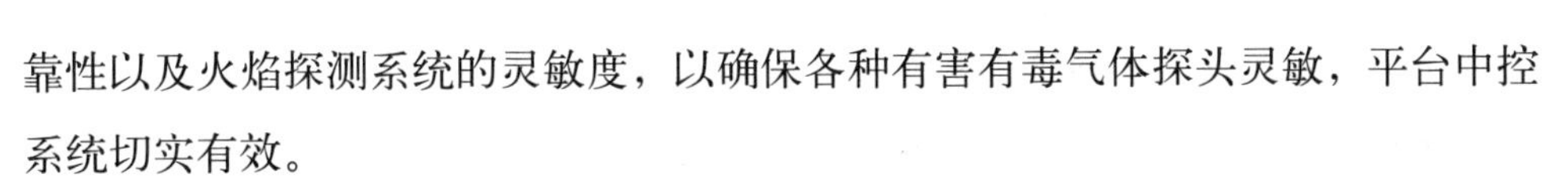

靠性以及火焰探测系统的灵敏度，以确保各种有害有毒气体探头灵敏，平台中控系统切实有效。

按照固定平台安全规则要求，在紧急状态下，海上油气生产平台具有4级应急关断（Emergency Shutdown Device）功能，以尽可能减小事故危害程度。ESD 1级关断为弃平台关断，该级关断级别最高，只能由平台经理操作；ESD 2级关断为火气关断，该级关断由平台火灾或可燃气体严重泄漏引起紧急关断，由操作员负责；ESD 3级关断为生产 / 公用系统关断，该级关断由主电源、井口控制盘、闭排罐、仪表风等公用系统故障或生产系统的重要环节故障引起，可手动或自动启动；ESD 4级关断为单元关断，是由单个设备或单井故障引起的关断，此关断只关断故障设备或单井，而不影响其他设备的正常操作。

四、建立一支高效的应急救援队伍

BP墨西哥湾平台火灾爆炸事故大量海底井口溢油长期无法控制，导致海洋环境生态破坏不断扩大。针对这次“爆炸溢油事故”带来严重海洋生态环境破坏、水体污染，BP公司首先表现出的还是应急救援力量的薄弱和无力，表现出海底井口溢油长时间得不到有效控制，国际社会影响和事故处置赔偿成本无限增长。主要原因还是深海应急抢险力量不足，专业设备缺失。

当前，海上应急救援响应中心的能力还主要集中在溢油应急处置、落水人员和一定的消防能力，配备的主要装备还是溢油回收船舶和收围油设备，不具备水下工程抢险应急处置能力，一旦发生海上井喷事故，依靠当前的应急处置能力，我们是无能为力的。因此，我们有必要启动海上工程抢险队伍建设需求研究，不断完善海上应急救援力量建设，建设与海上油气开发相适应的应急抢险队伍，同时加大区域应急物资储备，联合兄弟企业，建立应急反应系统联动机制，共同应对突发事故。

启 思

海洋石油开发是世界上公认的安全风险最大的行业之一。因此，对于海洋石油来说，安全工作永远是放在第一位的。如何查找风险源头，加强海上油气开发中存在的隐患整治，化解安全风险，确保防控到位？说到底就是要把工作重心放到风险的预知、预判和预控上来，努力做到风险识别评估到位、职责落实到位、防控措施到位、监管考核到位。在海洋石油生产平台上实施风险评估和危险源识别可以说是安全管理的核心，通过实施风险评估和危险源识别，可以有效降低风险发生的概率，提高企业安全管理水平。

陆上油气勘探开发建设项目多采用“滚动开发”形式，需要先进行勘探、钻探和测试，钻探部分评价井确定产能规模后，再编制总体开发方案并进行环境影响评价。由于环境影响评价主要依据项目总体开发方案编制，此时部分工程已经实施，在实际工作中部分项目环评滞后于项目建设，面临诸多风险。

分类规范管理，分段强化监督

——陆上油气勘探开发建设项目环境管理分析与探讨

史 方

一、基本情况

由于油气勘探开发项目前期工作程序和环境影响评价管理程序尚不能完全无缝衔接，造成部分油气田勘探开发建设项目环境影响评价文件编制报批时，工程内容、建设进度与环境影响评价管理存在程序不一致，部分项目面临风险。同时，油气勘探开发建设项目环境影响评价文件获得环境保护行政主管部门批复后，在实际工程设计、工程建设中，受多种因素影响，也存在着井位调整、产能调整等变化情况，有的项目甚至长期达不到计划产能，需要及时申办变更环境影响评价手续。

随着新《环境保护法》及其配套规章的颁布实施，国家对建设项目环境保护管理更为规范和严格。针对上述情况，国家环境保护部领导与集团公司领导共同研究，提出油气田开发项目因滚动开发在环评批复前已有部分钻井工程提前实施，集团公司应当加快研究制定油气开发建设项目环境管理程序，规范油气田开发项目环境管理。因此，按照国家建设项目环境影响评价法律法规，结合陆上油气勘探开发建设项目生产实际，研究和探讨油气勘探开发项目环境管理程序，制定相关管理规定，加强项目环保监督，对于规范陆上油气勘探开发建设项目环境保护管理具有重要作用。

二、风险分析

陆上油气勘探开发建设项目包括油气勘探项目和油气开发项目。其中，油气勘探项目包括地球物理勘探，以及探井和评价井的钻井、录井、测井、试油试气等工程。油气开发项目包括开发井、回注井的钻井工程，采油采气设施、计量及集输场站、油气集输管道、处理厂或净化厂、回注设施、油气外输管道等地面工程。油气勘探开发建设项目工程内容多、建设周期长，如环境影响评价工作启动过早，工程内容、实际井位、管线线路等尚不确定，无法开展环境影响评价工作，或者即使开展环境影响评价工作，也面临工作深度无法达到国家相关技术要求，以及后续变更环境影响评价工作量大、无法指导实际生产建设的问题；如环境影响评价工作启动过晚，部分工程在未获得批准前需要实施，环境影响评价工作进度、工程建设进度不匹配。主要风险分析如下：

（一）建设内容方面

油气田开发产能规划需要进行勘探、评价、试采等工作综合研究后才能确定，而油气开发项目环境影响评价则是依据项目开发方案（可行性研究报告）编制的，且环境影响报告书编制需要一定工作周期，客观上造成了在环境影响评价工作启动时及工作过程中，有些工程内容（特别是试采工程及其配套设施）需要提前建设，部分工程尚没有履行相关手续，或者履行相关手续的工程内容与实际工程内容不一致。

（二）管理程序方面

油气田开发项目的滚动开发的特点，仅仅限定在某一个时段开展环境影响评价都有其不科学性，全部等到开发方案确定后再开展环境影响评价，又不符合油气开发建设程序实际。虽然可以根据项目进度及时办理审批手续，但实际一个项目中，有多个审批内容，也有对整体项目的批复，又有对单项内容的批复，而且，上述建设内容和批复内容存在交叉，无法实施统一环境管理。

（三）环保措施方面

由于油气勘探开发项目环境影响评价工作滞后，造成部分已经实施的工程配套的环境保护措施没有得到审批部门组织的论证，环保措施的有效性、可行性存在不确定性。同时，由于工程建设和环保措施已经实施，审批部门要求（特别是优化调整要求）的实施难度加大，有的还需要重新停工改造。如果选址发生重大

变化，可能造成建设项目进度滞后和投资不确定性。采出水回注环境可行性、污染物达标排放可靠性、生态保护措施有效性等重点关注事项需要重点论证和实施。

（四）公众参与方面

油气勘探开发项目受到社会公众的高度关注，随着新《环境保护法》的颁布实施，建设项目环境保护信息公开和公众参与将更为深化，针对环评报告全本公示以及申请信息、行政复议、行政诉讼将会增加。因此，油气勘探开发项目环境管理程序执行情况、工程建设内容与环境影响报告书报批内容一致性、工程环境影响预测与评价、工程环境风险和环保措施，甚至图件是否规范齐全等，都有可能成为公众关注的内容，要求必须确保建设项目环境管理程序符合国家法规要求、环评报告技术质量达到国家规范要求。

建 议

一、分类规范管理

勘探阶段：依据勘探方案进行油气勘探项目环境影响评价，按照国家建设项目环境影响分类管理名录和相关技术规范，编制油气勘探项目环境影响评价文件，并报有审批权的环境保护行政主管部门审批。

重点风险点及管理原则：勘探设施（探井、评价井）拟转为正式生产设施（生产井、回注井），建议进行勘探设施转为生产设施环境影响评价，强化环境保护措施。

开发阶段：依据油气藏开发方案或可行性研究报告进行油气开发项目环境影响评价，按照国家建设项目环境影响分类管理名录和相关技术规范，编制油气开发项目环境影响评价文件，并报有审批权的环境保护行政主管部门审批。

重点风险点及管理原则：油气藏开发方案或可研报告中部分建设内容已经获得了环评批复手续的，应当在环境影响报告书中予以明确，并对已建工程开展回顾性环境影响评价。油气开发项目建成投用后，应当按照国家有关规定适时开展建设项目环境影响后评价。

二、分段强化监督

工程内容方面：对于单独立项的油气田加密工程和扩边工程、油气田集输或外输管道，以及油气田其他生产设施等建设项目，应当按照新项目进行环境影响评价，不作为油气勘探开发项目的变更内容进行变更环境影响评价。

工程变更方面：油气勘探开发建设项目环境影响评价文件经批复后，拟对建设内容进行调整或者变更的，应当组织环境保护论证。工程建设内容、环境保护措施、环境风险防控措施与环境影响评价文件及其批复不符的不得实施。其中：调整或变更内容属于重大变动的，应当按照国家有关规定编制并报批变更环境影响评价文件。变更环境影响评价文件未获得环境保护行政主管部门批复的，变更内容不得建设。调整或变更内容不属于重大变动的，可以按照有关规定纳入项目竣工环境保护验收管理。

随着史上最严的新《环境保护法》的实施，我们的油气开发项目运作面临着空前挑战。十三届五中全会将绿色发展确立为五个重要发展理念之一，也就是说，它将长期地指导我们的发展方式，因此，环境管理必然成为我们工作的重要内容。

面对挑战，我们必须转变观念与做法。一是变滞后为超前，从工作程序上，环评工作必须超前进行，不环评不生产，不环评不动工。二是变自选动作为规定动作。不符合法规与批文规定的一律禁止，不能打擦边球，搞自选动作。三是在工作中的所有调整与变更，必须获得环境保护行政主管部门的再次确认与批复。在效率与法律之间，我们必须毫不犹豫地选择后者，企业发展必须合法合规，否则必将导致重大失败。

由于原油黏度大，为提高采收率，需要将人工岛油井的开采方式适时转为蒸汽吞吐方式，考虑我国海上人工岛稠油热采尚属首次，需高度关注稠油热采作业带来的高风险问题。

严格执行操作规程，使稠油热采作业风险可控
——浅议海上人工岛稠油热采作业的风险管理

孙德坤

一、存在的风险

（一）溢油

采用蒸汽吞吐的方式开采，增加了溢油的风险。一是向地层注入高压水蒸气，若误操作致使井下压力大于地层的破断压力就会产生溢油。二是长期向地层注入高压水蒸气会破坏地层，造成注汽后期可能产生地层破裂造成溢油的风险。三是生产过程中一旦发生抽油杆折断、磨漏、落井，则极易造成井口溢油。四是蒸汽吞吐放喷阶段是压力释放的过程，高温高压流体进入油气工艺管线时存在突破井口和管道的可能而产生溢油。

（二）井喷

在蒸汽吞吐阶段可能由于高压、汽窜、放喷等原因造成井喷。一是生产过程中有杆泵质量不良或检测、维护不足，一旦发生断杆事故可能引发井喷事故发生；二是修井阶段有可能发生井涌、井喷事故。另外上部套管损坏、井口损坏也可引发井喷。三是热采注汽过程中，由于高温高压水蒸气的注入，射开同层位的对应油井可能存在蒸汽或油水窜流的可能或在断层附近的油井存在蒸汽或油水窜流的可能，使生产井因邻井注汽存在井喷的风险，而且随着吞吐周期的增加，汽窜程度还会加剧，井喷风险明显增大。

（三）高温灼伤

采用蒸汽吞吐的方式开采，需要注入高温水蒸气，高温水蒸气通过活动管线

注入地层，另外蒸汽锅炉的相关设备温度也非常高，若设备、管线的保温失效会造成接触人员高温灼伤。另外活动管线若在连接处出现泄漏，高温高压的水蒸气喷到人体也会造成高温灼伤。

（四）锅炉爆炸

蒸汽锅炉的主要危险是超压爆炸和炉膛爆炸，在锅炉运行过程中，由于受压元件的某些部位超过了材料的极限强度，薄弱处发生断裂，或是由于炉膛燃爆导致某些锅炉受压部件损坏，使得储存在锅炉中的水及蒸汽立即从破口处冲出来，发生锅炉爆炸。此时，由于锅内压力瞬间降至外界大气压力，锅内的饱和水立即剧烈汽化、膨胀，蒸汽也随之剧烈膨胀，造成压力再次升高，破口进一步扩大。由于从破口处冲出的汽、水有很高的速度，形成强烈的冲击波，当与空气或地面接触后，便会产生强大的反作用力，使锅炉腾空而起。炉膛爆炸发生的主要原因是在锅炉点火前，因阀门关闭不严或泄漏、操作失误、一次点火失败等情况，使燃油进入炉膛，而又未对炉膛进行吹扫或吹扫时间不够，在炉膛内留存有可燃物与空气的混合物，且浓度达到爆炸范围，点火即发生炉膛爆炸。在锅炉运行中，因燃油压力或风压波动太大，引起脱火或者回火，造成炉膛局部或整个炉膛火焰熄灭，继续送入燃料时，空气与燃料形成的燃爆性混合物被加热或引燃，造成爆炸。由于燃烧设备、控制系统设计制造缺陷或性能不佳，导致锅炉燃烧不良，在炉膛中未燃尽的可燃物聚积在炉膛、烟道的某些死角部位，与空气形成燃爆性混合物，被加热或引燃，造成爆炸。另外，在原油燃烧过程中重组分燃烧不充分，造成炉管结焦，使炉管受热不均有可能造成爆管事故。

（五）窒息

采用蒸汽吞吐方式开采后，需要环空注氮气，而且使用氮气的频率很高。若氮气泄漏处有人作业就可能造成人员的窒息，氮气发生装置的橇里管线若有泄漏，人员检修时氮气浓度高也有可能造成人员窒息。

（六）机械伤害

使用的各类设备如有杆泵、柱塞泵及氮气增压泵等，其旋转部位若防护罩失效有可能对作业人员造成机械伤害。另外活动管线连接时也有可能对作业人员造成机械伤害。

二、管控措施

从地质储层覆盖封闭与地层破裂条件、热采完井技术、地面热采工艺、热采作业四个方面，采取风险管控措施，避免事故发生。

（一）断层封闭与地层破裂条件

在总体开发方案时，需对稠油热采进行研究分析，特别是地质储层覆盖条件进行专项研究，储油层断层封闭相对完整，无地质断裂，且注汽压力小于地层破裂压力的要求，这是总体开发方案阶段必须研究明确的课题。否则，即使稠油开发亦不能进行热采作业及其相关的下一步工作。

（二）热采完井技术

采用地锚预应力或加装套管热力补偿器、高钢级套管、塑性水泥固井等完井方式，在注汽阶段可防止井口抬升、水泥环与套管壁脱落窜槽、套管损坏等风险。因此，热采钻完井设计需满足热应力完井要求，采取套管提拉预应力加地锚或加装热力补偿器、固井水泥质量及返高程度、套管钢级与壁厚增加等三个前置条件。若不能同时达到以上三个条件，则不建议进行热采作业。

（三）地面热采工艺

地面工艺主要包括注汽锅炉、注汽管线、注汽井口，及其配套控制系统，其中主要危险是锅炉爆炸。因此，地面热采工艺设计应按照总体开发方案，地质条件、注汽压力、注汽时间与注汽量进行系统设计，选用适合的注汽锅炉、热注管线、热注井口，以及相应的配套控制系统。该系统需经有资质的检测检验机构检测检验合格，系统试压需满足注汽生产压力要求。

（四）生产管理

按照每个生产作业步骤分析存在的危害及潜在影响，提出控制风险的具体防范措施。重点要制定《热注作业管理程序》和《制氮设备的操作规程》，内容要涵盖热采作业过程中各项设备的操作规程和热注作业中的安全管理要求。同时，为了使发生事故时能有效及时控制，要制定综合应急预案和热注作业相关专项预案以及现场应急处理程序。而且，操作人员经过技术培训，能够熟练掌握操作技能和快速处置能力。特别重要的是，每次热注的温度、压力、注层、注汽时间和注汽量都要明确并严格控制。

总之，海上人工岛稠油热采在满足地质储层封闭、热注完井、地面工艺配套和生产作业队伍以及管理能力达标准情况下，编制热采作业专项应急预案，在严格按照各种管理制度和操作规程执行且保障设备正常的情况下，良好的管理能有效降低事故的发生，使其风险可控。

建 议

一、海上人工岛热采作业要满足相应的前提条件

油藏断层封闭条件较好，且设定的注入压力小于地层破断压力是首要前提条件；钻完井采用套管预应力设地锚或加装热力补偿器完井，生产井油层套管的强度提高，并加大管材壁厚，其固井水泥采用塑性水泥且满足耐高温要求，其固井水泥返高至地面等要求；热采地面工艺设施及其安全附件要配套完整，其主要设备蒸汽锅炉要满足《油田专用湿蒸汽发生器安全规范》（SY5854—2012）相关技术要求，涉及的热采井口、水处理系统、氮气发生器、注汽管线等设备均达到规范要求，在相应位置设置安全阀、压力表等安全附件。同时，蒸汽锅炉、氮气发生器、热采井口及其管线等设备均经检测检验合格并取得了发证检验机构颁发的符合证书。

二、热采生产中监控措施和管理要精细化

要有明确的热注作业管理程序和热注作业相关专项预案。锅炉操作人员和水质化验员均取得质量技术监督局颁发的注汽锅炉司炉、二级水质处理的证书，并对作业人员进行教育培训，使每位作业人员均熟悉流程和操作。在采油过程中应做好对井下流温流压的在线连续监测，确保井底压力不超过地层的破裂压力，严密监测跟踪各项注汽参数，出现异常变化，及时停炉停注。

三、履行申报备案程序要及时合规

海上人工岛热采作业，首先必须在总体开发方案、热采作业实施方案通过审核备案的基础上进行。其次要完成热采作业安全预评价、第三方发证检验和设备设施通过技术检测机构的检测合格，并采取相应的风险管控措施。最后选择符合热注完井的生产井进行先导试验，不断完善总结技术经验，使安全环保风险控制在可控范围内。

启 思

风险是可控的。风险控制的要点有三：其一是认识风险之源。全面而深刻地把握风险产生的原因是控制风险的第一步。认识不到风险是最大的风险，对风险的熟视无睹或麻木不仁是风险控制的大敌。其二是采取科学有效的方法措施预防应对。控制防范风险的措施必须得力有效，不能想当然，不能搞“大概”与“估计”，必须进行科学实验与检验。措施与方法必须系统而不是零散，必须统一而不能纷乱。其三是执行制度与规定必须严格。制度与规范是保护人的一条红线，而人的遵章守纪则是保护自己保护他人的唯一选择。

按照《海洋石油安全管理细则》给“滩海陆岸石油设施”的定义：“滩海陆岸石油设施，是指最高天文潮位以下滩海区域内，采用筑路或者栈桥等方式与陆岸相连接，从事石油作业活动中修筑的滩海通井路、滩海井台及有关石油设施”。

参照监管，查漏补缺，完善滩海陆岸石油开发安全监管

——滩海陆岸与陆上石油开发安全监管差异性分析与建议

杨光胜

本文着重从滩海陆岸油气开发海工建设、前期钻井、建造安装、生产运行、油气消防、逃生救生、应急救援、执行标准、安全设施配置、安全监管等方面与陆上油气开发进行初步对比分析。

一、中国石油滩海陆岸石油设施基本情况

中国石油天然气集团公司现有的滩海陆岸石油设施，分别是埕海 1-1 人工岛、埕海 2-1 人工岛、埕海 2-2 人工岛和南堡 1-1 人工岛。这些“人工岛”四面环海，以数公里的路桥或漫水路与陆地相连接，油气生产和施工作业都面临恶劣的海洋环境威胁。严格地讲，不是“滩海井台”。

（一）埕海一区的埕海 1–1 人工岛

位于河北省黄骅市关家堡村以东的滩涂极浅海地区，有进海路。岛体设计单位是天津大学建筑设计研究院，施工单位是中港第四航务工程局，第三方发证检验单位是中国石化集团胜利石油管理局海上石油工程技术检验中心，2005 年 4 月开始建设，2006 年 9 月完工，2008 年投入试生产，2010 年 7 月通过安全竣工验收。岛体有效面积为 140m × 140m，进海路全长 5386m。地面配套工程 2007 年 3 月开工，2007 年 7 月完工，2007 年 7 月试生产，2010 年 7 月竣工验收，设计单位是中国石油天然气管道工程有限公司，施工单位是天津大港油田集团工程建设有限公司，第三方发证检验单位是中国石化集团胜利石油管理局海上石油工程技术检验中心。该岛具有钻完井、采油、修井、油气处理集输等功能。

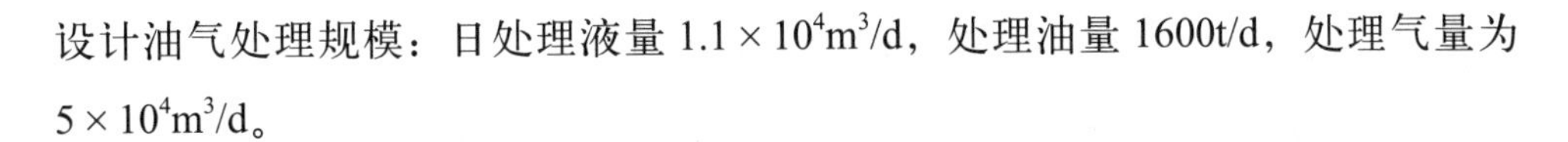
设计油气处理规模：日处理液量 $1.1 \times 10^4 m^3/d$，处理油量 1600t/d，处理气量为 $5 \times 10^4 m^3/d$。

（二）埕海二区埕海 2–1 人工岛、埕海 2–2 人工岛两座人工岛

位于河北省黄骅市南排河镇。埕海 2-1 人工岛于 2011 年 3 月开始地面工艺配套,2012 年 1 月投入试生产,2013 年 3 月通过安全竣工验收。进海路设计单位：中国石油天然气管道工程公司天津分公司，施工单位：大港油田集团工程建设有限公司，监理单位：天津中北港湾工程建设监理事务所，第三方检验单位：中国石化海上石油工程技术检验中心，平行检测单位：交通部天津水运工程研究所试验检测中心，质量监督：石油天然气大港工程质量监督站。岛桥工程设计单位：天津大学水运水利勘察设计研究所，施工单位：中交一航局第一工程有限公司，监理单位：天津天科工程监理咨询事务所，第三方检验单位：中国石化海上石油工程技术检验中心，平行检测单位：交通部天津水运工程科学研究所试验检测中心，质量监督：石油天然气大港工程质量监督站。岛体有效面积 $100m \times 100m$，具有钻完井、采油、修井、油气集输等功能。油井所产油气计量后混输至埕海联合站处理，注水水源引自埕海联合站高压注水系统。埕海 2-2 人工岛于 2011 年 3 月开始地面工艺配套，2012 年 4 月投入试生产，2013 年 3 月通过安全竣工验收。岛体有效面积 $110m \times 140m$，进海路全长 4398m，具有钻完井、采油、修井、油气集输等功能。油井所产油气计量后混输至埕海联合站处理，注水水源引自埕海联合站，在岛上增压后回注。

（三）南堡 1–1 人工岛

南堡 1-1 人工岛是冀东油田建设最早海上生产设施,2006 年 6 月开工建设，2009 年 12 月建设完成。现有油井 90 口，日产油约 200t，日产气 $12 \times 10^4 m^3$。南堡 1-1 人工岛通过长 1657m 进海路与陆地相连，是冀东南堡油田海上油气集输中心，不仅负责本设施油气生产，而且接收来自其他海上设施输送过来的原油和天然气，并进行预处理，处理后的油气输至陆岸终端进一步处理和外输。该设施具有完整的油气水生产处理工艺、自动化监控系统、关断系统、消防系统等。

二、滩海油气开发与陆地油气开发的主要差异

在胜利油田 2003 年发生“10.27”事故后，中国石油对滩海陆岸的监管变得更加清晰，不仅写入《海洋石油安全生产管理规定》和《海洋石油安全生产管理细则》，并制定了行业标准《滩海陆岸石油作业安全规程》（SY6634），《滩海人工岛安全规则》（SY/T 6777—2010）等有关安全技术标准。滩海陆岸石油设施在设计标准、工程建设、消防、逃救生等方面与陆地石油生产设施存在着较大的差异，主要表现在以下几个方面。

（一）自然环境更加恶劣

滩海陆岸：

滩海陆岸人工岛地处滩海或潮间带区域，滩海陆岸设施位于岸线向海一侧，无论如何也无法摆脱海洋环境的制约。涨潮落潮会冲刷、掏空基础结构，泥质海底基础沉降和滑移，冬季海冰挤压基础和设施，而且空气的腐蚀作用也比陆地更大。

（1）空气湿度大、腐蚀性强：由于海洋环境的空气潮湿，并且含有盐雾和霉菌，对油气生产设备、电气电缆等的腐蚀非常严重。

（2）多雾：海洋环境导致雾天较多，雾气造成能见度降低，增加了人员作业风险。同时考虑人工岛可能距离航道较近，周围航行和作业船舶在雾天能见度低的情况下，存在撞上人工岛的风险。

（3）海浪、潮汐：在恶劣条件下，海浪可能会冲上岛体，造成岛上建筑物或生产装置损坏。潮汐的变化会造成岛体结构频繁受海水冲刷，严重时会损坏岛体结构。

（4）风：海洋环境中的风力普遍高于陆地环境，尤其是在冬季，经常会出现 8 级以上的大风天气，增加了人工岛作业和生产的难度。

（5）台风、热带气旋：台风、热带气旋风力极强，过境时会带来很大的破坏力，严重威胁人工岛的安全生产。

（6）海冰：我国渤海湾地区尤其是近海及浅滩海区域冬季海上结冰情况严重，海水的潮汐推动海冰运动，挤压岛体结构，严重时会损坏岛体结构。

（7）水下环境不明确：滩海陆岸人工岛建设在海水中，水下情况无法直观

获得，建设前需要对水下情况进行探摸，并了解地质构造，避免后续出现严重的岛体沉降和船舶施工时搁浅的事故。另外，生产期间岛体受海浪和潮汐冲刷影响的程度也需要开展水下调查才能获得。

（二）作业环境要求更加苛刻

滩海陆岸：

滩海陆岸也并非真正意义上的岛屿，安全距离有限，交叉作业频繁。无论是在建设中，还是在后期运行中，都存在人员落水、坠海的风险，作业环境与海洋气候密切相关。

（1）由于投资控制的需要，滩海陆岸人工岛与陆地油气站场相比空间相对狭小，布局更加紧凑，因此对于设备、装置布局的合理性和安全性的要求更高。

（2）滩海陆岸人工岛四面环海，与陆地之间仅有一条近海路相连，在部分时间情况下（如涨潮）近海路变成了漫水路，使其与陆地隔开，变成了“孤岛”，与固定平台存在同样风险。

（3）滩海陆岸石油设施建设场地位于海上，主要依靠海上施工船舶来完成，存在着与航道航行、渔业生产等的交叉。

陆上石油：生产作业与海洋环境无关，距离空间大，不存在人员落海问题。

（三）办理土地（海域）使用手续不同，主管部门不同

滩海陆岸：

办理海域使用权，归国家海洋局管理。滩海陆岸人工岛征地使用需向国家海洋局申请海域使用证，并需要在环境影响评价的基础上做海域论证。同时海陆岸人工岛在征地方面还要考虑是否影响船舶通航、破坏周边渔业资源和其他油气设施（如海管、海缆等）。

关于《海域使用权证》和《国有土地使用权证》转换问题，《中华人民共和国海域使用管理法》第三十二条规定：“海域使用权人应当自填海项目竣工之日起三个月内，凭海域使用权证书，向县级以上人民政府土地行政主管部门提出土地登记申请，由县级以上人民政府登记造册，换发国有土地使用权证书，确认土地使用权”。经咨询国家海洋局海域司答复，针对单一海上油气开发活动的人

工岛，由企业根据自身管理需求，自主确定是否申请转换成国有土地使用权证；《法规》没有针对性的细则，国家海洋局也不强求，同时国土资源部也没有明确的规定可以接收“转换”申请。

陆上石油：

陆地油气站场是向地方政府相关土地管理部门申请国有土地使用权，归当地国土资源局管理。

（四）设计标准基本自成一体，个别标准参照同类设施执行

滩海陆岸：

滩海陆岸所处水深一般在 2 ～ 5m，前期石油物探调查、试采评价、人工岛、进海路、海底管道等海工建设必须依靠船舶或者平台来进行，属于海洋石油作业范畴，建设标准严格执行了海洋工程建设标准。

关于海洋工程建设。滩海人工岛海工岛体建设采用海上标准 14 项，滩海进海路采用海上标准 9 项，海底管道系统采用海上标准 12 项，海工建设标准比较齐全，能够满足滩海人工岛建设要求。比如设计标准参照《堤防工程设计规范》（GB 50286）、《滩海环境条件与荷载技术规范》（SY/T 4084）、《滩海海堤设计与施工技术规范》（SY/T 4099）、《港口及航道护岸工程设计与施工规范》（JTJ 300）、《港口工程荷载规范》（JTJ 215）、《水运工程测量规范》（JTJ 203）等多项海工、水工、港工设计规范。

关于岛面工程建设。人工岛油气开采工艺和油、气、水处理及集输，大部分执行海洋工程建设标准，少部分海陆通用的技术标准参照陆地行业标准执行，人工岛油气生产设施建设标准基本适应，但不完善。目前井口槽区采用海上标准 11 项，部分油气工艺如通风、采暖、注水工艺、防腐、工艺布局等采用海上标准 14 项，人工岛其他地面工艺配套和联合站遵循陆地标准 120 余项。设计标准参照《石油天然气工程设计防火规范》（GB 50183）、《滩海油田油气集输技术规范》（SY/T 4085）、《滩海陆岸石油作业安全规程》（SY 6634）以及《海上固定平台安全规则》等 10 多项国家和行业设计规范。

关于滩海油气开发执行安全标准。岛上的仪表自控系统、工艺紧急关断系统、消防系统、环保设施、海上溢油检测系统执行海上相关标准。电气、仪表、

通信采用海上标准 8 项，消防系统采用海上标准 6 项，滩海逃生、救生系统采用海上标准 12 项。

关于安全监管现行法规和标准。现有海洋石油安全生产管理法律和部门规章 11 项，国家标准和行业安全标准 25 项，基本满足滩海油气开发安全监管要求。但特别针对“滩海陆岸石油设施”的安全标准还比较匮乏，需要进一步补充完善。

陆上石油：

关于基础结构。设计标准参考《建筑地基基础设计规范》、《建筑地基处理技术规范》、《建筑桩基技术规范》等。

关于地面工程。设计标准参考《石油石油气工程总图设计规范》(SY/T 0048)、《油田地面工程建设规划设计规范》、《石油天然气工程设计防火规范》(GB 50183)。

滩海陆岸具体参照何种标准设计，需要根据其结构型式、规模大小、采用的工艺技术以及危险性等级具体确定。通常，滩海方面的设计规范比陆地考虑的影响因素更多一些，往往设计的技术标准要略高一些，但技术参数的区别与监管范围本身并不冲突。

（五）受场地限制，滩海井身设计大多是大位移等特殊井身结构

滩海陆岸：

滩海钻井施工作业参照《海洋石油安全生产管理细则》(25 号令) 和《浅海钻井安全规程》(SY 6307) 执行。由于受施工现场限制，滩海井型大多是大位移、大斜度井和丛式井组，施工难度较大，做好防碰设计和施工是该类钻井的首要任务之一。滩海井都是井控一级风险井，防喷器组一般有两个双闸板（含剪切闸板），一个环形防喷器。对在人工岛上使用的钻井模块，均需通过第三方专项检验。参与施工作业人员必须参加求逃生培训，持有出海证。施工单位随同钻机模块要配备相应的救逃生器材和设备。

陆上石油：参照《钻井井场、设备、作业安全技术规程》(SY5974) 和各油田结合自身地质情况制定的《井控实施细则》执行。

从作业能力、设备组成、工艺技术来看，无论是滩海陆岸钻机还是陆上钻机，并无实质区别。不同之处在于平面布局、井控装备、电气防爆、逃生

救生等方面的要求，如海上钻井要求必须安装剪切闸板，司钻房要求达到正压防爆。

（六）井身结构与固井要求更严格

为了满足滩海陆岸人工岛在安全和环保要求上对钻井施工的需要，与陆地油气生产井相比，人工岛的油气生产井会多一层导管，以提高井身结构的安全系数。并且人工岛的水泥返高至上层套管200m（陆地的水泥返高是油层上200m即可）。此外，在渤海湾康菲漏油事件发生后，国家海洋局对表层套管下深也有更加严格的要求。

（七）油气消防主要依靠自身力量

滩海陆岸：

大多数滩海陆岸都没有油气存储，按照《滩海陆岸石油作业安全规程》（SY 6634）装设固定消防系统。不仅有固定式消防水系统，还有固定泡沫系统和二氧化碳系统，环绕生产工艺区设置有消防炮。这种配置参考了海上的一些设计标准，要高于《石油天然气工程设计防火规范》(GB 50183)的消防设计要求。此外，在潮位和岛面积同时允许的情况下，依靠通井路消防车也可以进入灭火。

滩海陆岸石油设施位于远离城区的滩海，一旦发生火灾，依托外部力量是难以实现的，只能是依靠自身的救援力量和消防能力。

陆上石油：

完全按照《石油天然气工程设计防火规范》（GB 50183）进行设计，根据原油和天然气等危险物的存储量确定场站等级，然后根据不同的场站等级选择对应的消防设计标准。通常，转油站以上的天然气处理、联合站之类的才会设计固定消防系统。陆地石油生产设施的消防除自身配备的较为简易的消防器材外，主要依靠专业的陆地消防救援力量来进行火灾救助和消防。

对比来看，滩海陆岸的消防设计标准普遍要高于陆地石油，尤其是带漫水路的人工岛。虽然不存储和大规模进行油气处理，但因为考虑到滩海陆岸设施集中，使用井口槽等特殊的工艺技术，火灾危害更大，而且离陆上后勤基地更远，所以在消防问题上考虑更完备。

（八）逃生救生要求更严格，更具体

滩海陆岸：

滩海陆岸石油设施四面环水，仅有一条进海路与陆地相连，在遇到恶劣气象、火灾、井喷等事故时，逃生的手段和方式相比较陆地而言有较大的局限性，导致了滩海陆岸石油设施人员必须要依靠船舶、水陆两栖装置、救生艇筏、救生圈、救生衣等海上救生设施，以及建造高于设施等级的应急避难房。

按照现行规范和标准要求，需配置紧急避难所、应急值班车、救生衣、救生圈、烟雾信号等。

陆上石油：

基本没有逃救生概念，也没有海上这些逃救生设备设施的配备要求，但有逃生路线和集合点。

（九）安全仪表更加复杂，紧急关断中控系统功能更全

滩海陆岸：

无论设施大小，通常都装设有火气探测报警、井口安全控制和应急关断系统，这些系统都依托于高度自动化的中央控制系统，通过中控室就可以实现数据远传、自动报警和远程关断，能在第一时间进行险情处理。一般设计为四级关断。

相对陆地油气站场，滩海陆岸人工岛上工艺装置、设备布局更加紧凑，井口台上布置也更加密集，当某一装置或某一口井发生异常，必须迅速进行调节或紧急关断，因此滩海陆岸人工岛上往往配有过程监控和紧急关断系统。

另外滩海陆岸石油设施必须按照要求在自喷井和天然气井设置井上、井下安全阀，以便在井喷时，实现应急切断；外输管线必须按照海上要求设置紧急切断阀、定期进行检验检测。

陆上石油：

中控系统较为简单，多数仅能实现数据远传，不能实现远程控制。

因此，滩海陆岸紧急关断中控系统等级更高，功能更全。

（十）设备选型防腐要求更高

由于海洋环境的空气潮湿，并且含有盐雾和霉菌，对油气生产设备、电气电

缆等的腐蚀非常严重，所以在设备的选型上必须按照海上平台的要求选用具有防潮、防盐雾和防霉菌型的专用设备；同时考虑到海洋石油开发的维护和修理成本较高、环境要求严格，在设备、管线等的选择上也都存在着较高的冗余度和可靠度，而在陆地设施的设备选型上可以不考虑这些因素。

（十一）法规和标准不同，主管部门不同，监管更细

滩海陆岸：

滩海陆岸石油生产设施由国家安全生产监督管理总局及其分支机构进行监管，生产运行期间需要进行年检和定期检验，年检和定期检验由发证检验机构来完成。钻机、修井机等专业设备进行专项检验，作业人员均要经过海洋石油作业的相关安全培训并取证上岗，这是海洋石油的特殊要求。

滩海陆岸人工岛的防污染方面要求要比陆地高，滩海陆岸人工岛日常生产水及废弃物的排放项目审批、生产作业由国家海洋局进行监管，出现环保事故后与国家海洋局进行联动。

陆上石油：

由省市安全生产监督管理局监管。无发证检验，生产运行期间不需要进行年检和定期检验，无试生产备案验收。只有特种设备检验，消防系统单独验收。所以，监管部门不同，监管要求也不同。

（十二）海上资质资格管理更细更严

滩海陆岸：

基础结构的设计单位要求具备海洋工程或水运工程方面的设计资质；地面工程设计单位要求具备工程总承包设计资质或海洋石油地面工程专业设计资质；施工单位要求具备对应海洋工程、水运工程、海洋石油地面工程的施工资质，具备建设委员会颁发的安全生产许可证；钻井、井下作业、测井、录井、油气生产、工程建设要取得对应的海上安全生产许可证；设施主要负责人和安全管理人员须取得海上安全管理人员资格证；所有施工人员至少要进行“海上消防、海上急救、海上求生”俗称“三小证”培训；义务消防员等还要经过专项培训。

陆上石油：取得陆地类设计和建设资质，取得省市安全生产监督管理局颁发

的对应业务的安全生产许可证，安全管理人员也要取证，特种作业人员需取得操作资格证。

对比来看，资质取证类别大致相似，但主管部门不同。“海洋石油作业安全救生”取证培训是海上特殊要求。

（十三）滩海陆岸石油设施应急救援组织高于陆上石油

滩海陆岸石油设施由于处于浅滩海海洋环境中，受风暴潮、海上覆冰、潮汐的影响较大，部分人工岛还受漫水路的制约，在应急管理方面要高于陆地应急管理要求，具有相应的专项应急方案。

在应急突发事件情况下，需要船舶甚至直升机等海洋石油应急救援资源的支持。同时应急演练的频次和规模也是陆地设施无法比拟的。另外在发生原油泄漏事故情况下，在海上开展溢油回收事故处理的程序和配备的资源也与陆地有所差异。

建 议

一、参照海洋石油安全生产法规标准监管“滩海陆岸石油设施”

《中华人民共和国防治海洋工程建设项目污染损害海洋环境管理条例》第三条明确规定：“本条例所称海洋工程，是指以开发、利用、保护、恢复海洋资源为目的，并且工程主体位于海岸线向海一侧的新建、改建、扩建工程。具体包括：……人工岛，……海洋矿产资源勘探开发及其附属工程……，国家海洋主管部门会同国务院环境保护主管部门规定的其他海洋工程。”

从宏观上看，滩海陆岸位于岸线向海一侧，属于海洋工程，从工程本身属性而论，作为海洋石油设施监管有其他法律法规支撑，与国家其他海洋主管部门的监管能够形成统一。

从微观上看，虽然结构型式上的确与陆地相似，但建设位置处于滩海地区，岛体面积有限，并非真正陆地。一是滩海陆岸在设计、建造方面要考虑海洋环境载荷，这与陆地石油是完全不同的；二是设施设备布局集中，在消防、安全仪表、关断等安全配套设施方面的要求更完备；三是海洋石油特有的检验制度，对保障本质安全有着十分重要的作用；四是在管理的一些关键环节和细节问题上确实要严于陆地石油。

二、查漏补缺，进一步完善滩海陆岸的标准规范

经过多年的滩海陆岸石油开发生产和建设实践，石油企业的各级领导和一线员工已经达成共识，海洋生产作业环境决定了滩海陆岸石油开发是海洋石油开发的一种形式，不存在任何争议；并逐步形成了一些标准和法规体系，虽然现有《海洋石油安全生产管理细则》(25号令）和《滩海陆岸石油作业安全规程》(SY 6634)，但由于起步晚、形式多样，作业类型较多，这些基本的法规和规程较为宏观，原则性内容多，对实际工作的针对性、指导性不强，在标准的运用上更多的还要借鉴《固定平台安全规则》等海上法规和标准。只有制定专门的滩海陆岸安全规则或细则，规定生产作业技术细节，才能把滩海陆岸安全标准严格起来。如果滩海陆岸石油设施完全脱离海上监管体系，可能造成标准采用和法规执行上的盲点。

滩海陆岸石油生产设施作为一种具有部分陆地特征的海上设施，滩海陆岸人工岛石油设施四面环海，与陆地之间仅有一条近海路相连，部分人工岛在涨潮时近海路变成了漫水路，人工岛变成了“孤岛”，与固定平台存在同样风险。简单地把滩海陆岸人工岛作为海洋工程或陆地工程来建设、开发和管理，都是片面的，不实事求是的，缺乏科学依据的。只有尽快完善滩海陆岸人工岛技术安全标准，建立与其相适应的政府监管、企业自律、第三方检验的安全监管模式，才能促进滩海油气开发的安全生产工作。

差异性研究是我们提升认识的一种科学研究方法。它的优势是通过比较可以令我们更加凸显事物本质，差异就是特质，是对特殊矛盾的把握与认识。差异性研究的另一个优势是求同存异，异中寻同，通过不同的研究对象，从不同的事物中发现共性，找到相同的规律。尽管海滩陆岸与陆上石油开发有着极大的不同，但就安全监管而言，建立标准、培训员工、执行制度等环节上则是如出一辙。

附录

新“两法”实施后配套法律法规解读

《企业安全生产风险公告六条规定》解读

《企业安全生产风险公告六条规定》已经2014年11月24日国家安全生产监督管理总局局长办公会议审议通过，并于2014年12月10日以国家安全生产监督管理总局令（第70号）公布实施。

一、制定颁布的必要性

近年来，党中央国务院对信息公开的要求越来越严，在政务信息公开方面要求“全面推进政务公开，坚持以公开为常态、不公开为例外”。而新修订的《安全生产法》对企业安全生产风险信息公开做出了一系列要求。

企业是安全生产的主体。近年来发生的一系列事故，尤其是江苏省昆山市“8・2”特别重大爆炸事故充分说明，广大群众尤其是企业从业人员对于企业安全生产风险的了解与否以及了解程度，直接关系到企业从业人员的生命财产安全。

可以说，企业安全生产风险信息公开，是落实《安全生产法》、实行依法治安的要求，是强化群众参与、完善安全生产监督机制的要求，也是事故隐患排查治理、落实预防为主的要求。无论是从法律法规上还是从工作实践中看，强化企业安全生产风险信息公开，势在必行。

二、主要内容和法律依据

《企业安全生产风险公告六条规定》共六条。

（1）要求企业在醒目位置设置公告栏，在存在安全生产风险的岗位设置告知卡。

通过设置公告栏，重点约束企业公告企业主要危险危害因素、后果等，让进进出出企业的人员包括企业员工，对企业危险危害因素一目了然。通过设置告知卡，让相关岗位上具体操作人员对自己岗位安全状况了如指掌。

这一条在《安全生产法》等法规中都有明确规定。《安全生产法》第四十一条规定：“生产经营单位应当教育和督促从业人员严格执行本单位的安全生产规章制度和安全操作规程；并向从业人员如实告知作业场所和工作岗位存在的危险因素、防范措施以及事故应急措施。”第五十条规定：“生产经营单位的从业人员有权了解其作业场所和工作岗位存在的危险因素、防范措施及事故应急措施，有权对本单位的安全生产工作提出建议。”

《职业病防治法》第二十五条规定：“产生职业病危害的用人单位，应当在醒目位置设置公告栏，公布有关职业病防治的规章制度、操作规程、职业病危害事故应急救援措施和工作场所职业病危害因素检测结果。”

（2）关于第二条规定和第三条规定。

第二条规定，必须在重大危险源、存在严重职业病危害的场所设置明显标志。第三条规定，必须在有重大事故隐患和较大危险的场所和设施设备上设置明显标志。在综合考量相关法规的基础上，我们将风险归纳为重大危险源、存在严重职业病危害的场所，有重大事故隐患和较大危险的场所和设施设备。不仅考虑了企业自身安全，也考虑了企业周边的安全。

《安全生产法》第三十二条规定：“生产经营单位应当在有较大危险因素的生产经营场所和有关设施、设备上，设置明显的安全警示标志。”第三十七条规定：“生产经营单位对重大危险源应当登记建档，进行定期检测、评估、监控，并制定应急预案，告知从业人员和相关人员在紧急情况下应当采取的应急措施。”

《职业病防治法》第二十五条规定，“对产生严重职业病危害的作业岗位，应当在其醒目位置，设置警示标识和中文警示说明。警示说明应当载明产生职业病危害的种类、后果、预防以及应急救治措施等内容。”

（3）关于在工作岗位标明安全操作要点的要求。

规定要求企业必须在工作岗位标明安全操作要点，是吸取了基层工作中行之有效的经验，将其上升到部门规章层面。

（4）关于安全生产行政处罚信息的公开。

监管部门对企业安全生产行政处罚决定以及企业的执行情况、整改结果，从某种层面上体现了企业安全生产方面存在的问题，反映了企业的安全生产状况。《企业信息公示暂行条例》明确要求企业公示受到行政处罚的信息。

（5）关于更新公告内容、建立档案。

新制定的《企业信息公示暂行条例》规定："企业信息公示应当真实、及时"、"政府部门和企业分别对其公示信息的真实性、及时性负责"。《职业病防治法》规定用人单位应当采取下列职业病防治管理措施，"建立、健全职业卫生档案和劳动者健康监护档案"。《安全生产事故隐患排查治理暂行规定》规定生产经营单位"对排查出的事故隐患，应当按照事故隐患的等级进行登记，建立事故隐患信息档案，并按照职责分工实施监控治理"。

《企业安全生产应急管理九条规定》解读

2015 年 2 月 28 日，国家安全生产监督管理总局颁布实施《企业安全生产应急管理九条规定》（第 74 号令，以下简称《九条规定》）。《九条规定》的主要内容由九个必须组成，抓住了企业安全生产应急管理的主要矛盾和关键问题，就进一步加强安全生产应急管理工作提出了具体意见和要求。其主要特点：

一是突出重点，针对性强。《九条规定》结合企业安全生产应急管理工作实际，在归纳总结近些年应急管理和事故应急救援与处置工作的经验教训基础上，从企业落实责任、机构人员、队伍装备、预案演练、培训考核、情况告知、停产撤人、事故报告、总结评估等九个方面提出要求，明确了企业应急管理工作中最基本、最重要的规定，突出了应急管理的关键要素。

二是依据充分，执行力强。《九条规定》中的每一个“必须”，都依据《安全生产法》、《突发事件应对法》、《生产安全事故报告和调查处理条例》、《危险化学品安全管理条例》和即将出台的《应急管理条例》等法律法规要求，按照《国务院关于加强企业安全生产工作的通知》、《国务院安委会关于进一步加强生产安全事故应急处置工作的通知》、《生产安全事故预案管理办法》等文件和部门规章要求，做到有法可依、有章可循，确保了《九条规定》的严肃性和科学性。《九条规定》以总局局长令形式发布，具有法律效力，企业必须严格执行。

三是简明扼要，便于熟记。《九条规定》的内容只有 425 个字，简明扼要，一目了然。虽然有的要求被多次提及，但散落在多项法律法规和技术标准之中，许多企业负责人、安全管理人员和从业人员不够熟悉。《九条规定》把企业在应急管理工作中应该做、必须做的基本要求都规定得非常清楚，便于记忆和执行。

为深刻领会、准确理解《九条规定》的主要内容和精神实质，现逐条说明如下：

（1）必须落实企业主要负责人是安全生产应急管理第一责任人的工作责任制，层层建立安全生产应急管理责任体系。

依据：《安全生产法》第十八条有关要求。

解读：企业是生产经营活动的主体，是保障安全生产和应急管理的根本和关键所在。做好应急管理工作，强化和落实企业主体责任是根本，强化落实企业主要负责人是应急管理第一责任人是关键，这已经被我国的安全生产和应急管理实践所证明。企业主要负责人作为应急管理的第一责任人，必须对本单位应急管理工作的各个方面、各个环节都要负责，而不是仅仅负责某些方面或者部分环节；必须对本单位应急管理工作全程负责，不能间断；必须对应急管理工作负最终责任，不能以任何借口规避、逃避。《安全生产法》及《九条规定》对此进一步明确重申和强调，具有重要的现实意义。

安全生产应急管理责任体系是明确本单位各岗位应急管理责任及其配置、分解和监督落实的工作体系，是保障本单位应急管理工作顺利开展的关键制度体系。实践证明，只有建立、健全应急管理责任体系，才能做到明确责任、各负其责；才能更好地互相监督、层层落实责任，真正使应急管理有人抓、有人管、有人负责。因此，层层建立安全生产应急管理责任体系是企业加强安全生产应急管理的最为重要的途径。

在实践中，由于企业生产经营活动的性质、特点以及应急管理的状况不同，其应急管理责任制的内容也不完全相同，应当按照相关法律法规要求，明确在责任体系中各岗位责任人员、责任范围和考核标准等内容，这是所有企业应急管理责任体系中必须具备的重要内容。通过这些手段，最终达到层层落实应急管理责任的目的。

事故案例：2014 年 1 月 14 日 14 时 40 分左右，浙江省温岭市台州大东鞋业有限公司发生火灾事故，造成16人死亡,5人受伤，过火面积约1080m^2。经调查，大东鞋厂内部安全管理混乱，安全生产和应急管理主体责任不落实，应急管理、消防安全等工作无专职人员负责，并因计件工资及员工流动性大等原因，企业内部组织管理松散，没有建立安全生产应急管理责任体系，各项安全生产规章制度均得不到有效执行。

（2）必须依法设置安全生产应急管理机构，配备专职或者兼职安全生产应急管理人员，建立应急管理工作制度。

依据：《安全生产法》第四条、第二十一条、第二十二条、第七十九条，《突发事件应对法》第二十二条有关要求。

解读：《安全生产法》新增的第二十二条对生产经营单位的安全生产管理机构以及安全生产管理人员应当履行的职责进行了明确规定，分项职责中有四项与应急管理工作相关；第七十九条对高危行业建立应急救援组织做出了明确规定，体现出应急管理在安全生产工作中的重要地位。

落实企业应急管理主体责任，需要企业在内部机构设置和人员配备上予以充分保障。应急管理机构和应急管理人员，是企业开展应急管理工作的基本前提，在企业的应急管理工作中发挥着不可或缺的重要作用。特别是在危险性较大的矿山、金属冶炼、城市轨道交通、建筑施工和危险物品的生产、经营、储存、运输单位，应当按照《安全生产法》的要求，将设置应急救援机构作为一项强制要求。

应急管理机构的规模、人员结构、专业技能等，应根据不同企业的实际情况和特点确定。为了保证应急管理机构和人员能够适应应急管理工作需要，应对应急管理人员进行必要的培训演练，使其适应工作需要。对于企业规模较小，设置专职应急管理人员确实有困难的，《九条规定》体现了实事求是的原则，企业规模较小的，可以不设置专职安全生产应急管理人员，但必须指定兼职的安全生产应急管理人员。兼职应急管理人员应该具有与专职应急管理人员相同的素质和能力，能够承担企业日常的应急管理工作，并在企业发生事故时具有相应的事故响应和处置能力。

《安全生产法》第四条新增“安全生产规章制度”内容，主要是考虑到建立、健全安全生产规章制度在加强安全生产工作中的重要作用，因此有必要在法律中予以强调。进一步加强应急管理制度建设，对提升企业安全生产应急管理水平具有重要意义。企业建立的应急管理工作制度，是企业根据有关法律、法规、规章，结合自身情况和安全生产特点制定的关于应急管理工作的规范和要求，是保证企业应急管理工作规范、有效开展的重要保障，也是开展工作最直接的制度依据。企业要强化并规范应急管理工作，就必须建立、健全应急管理各项工作制度，并保证其有效实施。

事故案例：2014 年 8 月 2 日 7 时 34 分，江苏省昆山市中荣金属制品有限公司抛光二车间发生特别重大铝粉尘爆炸事故，造成97人死亡、163人受伤（事故报告期后，医治无效陆续死亡49人）。该公司安全生产和应急管理规章制度不健全、不规范，盲目组织生产，未建立岗位安全操作规程，现有的规章制度未落实到车间、班组；未建立隐患排查治理制度，无隐患排查治理台账。因违法违规组织项目建设和生产，造成事故发生。

（3）必须依法建立专（兼）职应急救援队伍或与邻近专职救援队签订救援协议，配备必要的应急装备、物资，危险作业必须有专人监护。

依据：《安全生产法》第四十条、第七十六条、第七十九条，《突发事件应对法》第二十六条、第二十七条有关要求。

解读：《安全生产法》第七十六条规定，“鼓励生产经营单位和其他社会力量建立应急救援队伍，配备相应的应急救援装备和物资，提高应急救援的专业化水平。”《突发事件应对法》第二十六条规定，“单位应当建立由本单位职工组成的专职或者兼职应急救援队伍。”2009年国务院办公厅印发的《关于加强基层应急队伍建设的意见》明确提出，重要基础设施运行单位要组建本单位运营保障应急队伍，推进矿山、危险化学品、高风险油气田勘探与开采、核工业、森工、民航、铁路、水运、电力和电信等企事业单位应急救援队伍建设，以有效提高现场先期快速处置能力。国务院国有资产监督管理委员会发布的《中央企业应急管理暂行办法》提出，中央企业应当按照专业救援和职工参与相结合、险时救援和平时防范相结合的原则，建设以专业队伍为骨干、兼职队伍为辅助、职工队伍为基础的企业应急救援队伍体系。以上规定均对企业建立救援队伍提出了明确要求。

企业建立的专(兼)职应急救援队伍，在事故发生时，能够在第一时间迅速、有效地投入救援与处置工作，防止事故进一步扩大，最大限度地减少人员伤亡和财产损失。考虑到不同行业面临的生产安全事故的风险差异，大中小各类企业的规模不同，《安全生产法》中并没有把建立专（兼）职应急救援队伍作为所有生产经营单位的强制性义务，除了有关法律法规做出强制要求的高危行业企业，对其他生产经营单位只作政策性引导。在无法建立专（兼）职应急救援队伍的情况下，应与邻近的专职应急救援队伍签订救援协议，确保事故状态下能够有专业救援队伍到场开展应急处置。

配备必要的应急救援装备、物资，是开展应急救援不可或缺的保障，既可以保障救援人员的人身安全，又可以保障救援工作的顺利进行。应急救援装备、物资必须在平时就予以储备，确保事故发生时可立即投入使用。企业要根据生产规模、经营活动性质、安全生产风险等客观条件，以满足应急救援工作的实际需要为原则，有针对性、有选择地配备相应数量、种类的应急救援装备、物资。同时，要注意装备、物资的维护和保养，确保处于正常运转状态。

《安全生产法》第四十条明确了爆破、吊装等危险作业必须安排专人进行现场安全管理，确保操作规程的遵守和安全措施的落实。国家安全生产监督管理总局发布的《工贸企业有限空间作业安全管理与监督暂行规定》、《有限空间安全作业五条规定》中，明确提出了设立监护人员、加强监护措施等要求。安排专人监护，对于保证危险作业的现场安全特别是作业人员的安全十分重要。所谓专人，是指具有一定安全知识、熟悉风险作业特点和操作规程，并具有救援能力的人员。监护人员要严格履行现场安全管理的职责，包括监督操作人员遵守操作规程，检查各项安全措施落实情况，处理现场紧急事件，第一时间开展现场救援，确保危险作业的安全。

事故案例：2014 年 4 月 7 日 4 时 50 分，云南省曲靖市麒麟区黎明实业有限公司下海子煤矿发生一起重大水害事故，造成 21 人死亡，1 人下落不明。救援过程中，云南省调集省内 9 支专业矿山救护队、60 支煤矿兼职救护队、3 支钻井队，大型排水设备 49 台件，采购大型物资设备 94 台件，电缆 8000m，排水管 8000m，投入 1800 余名抢险救援人员参与救援工作。由于云南省及整个西南地区缺乏耐酸潜水泵及高压柔性软管等救援装备、物资，国家安全生产应急救援指挥中心及时协调河南、山西两省有关企业的大型排水设备，协调总参作战部、空军、民航运输排水管线，协调公安部、交通运输部为设备运输提供支持，保证了应急救援工作的顺利开展。

（4）必须在风险评估的基础上，编制与当地政府及相关部门相衔接的应急预案，重点岗位制定应急处置卡，每年至少组织一次应急演练。

依据：《安全生产法》第三十七条、第四十一条、第七十八条有关要求。

解读：原《安全生产法》仅对政府组织有关部门制定生产安全事故应急救援

预案做了规定，没有规定企业的这项职责。新《安全生产法》增加的第七十八条对企业制定应急预案作了明确规定，要求与所在地县级以上人民政府组织制定的生产安全事故应急救援预案相衔接，并定期组织演练。《生产安全事故应急预案管理办法》明确规定："生产经营单位应当依据有关法律、法规和《生产经营单位安全生产事故应急预案编制导则》，结合本单位的危险源状况、危险性分析和可能发生的事故特点，制定相应的应急预案。"

由于在企业生产经营活动中，作业人员所从事的工作潜在危险性较大，一旦发生事故不仅会给作业人员自身的生命安全造成危害，而且也容易对其他作业人员的生命和财产安全造成威胁。因此，要对企业存在的危险因素较多、危险性较大、事故易发多发区域和环节以及重大危险源开展全面细致的风险评估，对各种危险因素进行综合的分析、判断，掌握其危险程度，针对危险因素特点和危险程度制定相应的应急措施，避免事故发生或者降低事故造成的损失。风险评估的结论，对于企业有针对性地开展应急培训、演练、装备物资储备和救援指挥程序等全环节的应急管理活动都具有重要的参考意义，应当高度重视并切实做好风险评估工作。

按照《国家公共突发事件总体应急预案》中"应急预案体系"的规定，企业根据有关法律法规制定的应急预案是应急预案体系的一部分，各预案之间应当协调一致，充分发挥其整体作用。县级以上地方人民政府组织制定的生产安全事故应急预案是综合性的，适用于本地区所有生产经营单位。企业制定的本单位事故应急预案应与综合性应急预案相衔接，确保协调一致，互相配套，一旦启动能够顺畅运行，提高事故应急救援工作的效率。企业应按照《生产安全事故应急预案管理办法》和《生产安全事故应急演练指南》的要求，对应急预案定期组织演练，使企业主要负责人、有关管理人员和从业人员都能够身临其境积累"实战"经验，熟悉、掌握应急预案的内容和要求，相互协作、配合。同时，通过组织演练，也能够发现应急预案存在的问题，及时修改完善。若企业关键、重点岗位从业人员及管理人员发生变动时，必须组织相关人员开展演练活动，并考虑增加演练频次，使相关人员尽快熟练掌握岗位所需的应急知识，提高处置能力。

《安全生产法》中将定期组织应急演练明确规定为企业的一项法定义务，督促企业定期组织开展演练。要坚决纠正重演轻练的错误倾向，真正通过演练检验预案、磨合机制、锻炼队伍、教育公众。企业要按照《生产安全事故应急预案管理办法》第二十六条关于演练次数的要求，每年至少组织一次综合应急演练或者专项应急演练。

重点岗位应急处置卡是加强应急知识普及、面向企业一线从业人员的应急技能培训和提高自救互救能力的有效手段。应急处置卡是在编制企业应急预案的基础上，针对车间、岗位存在的危险性因素及可能引发的事故，按照具体、简单、针对性强的原则，做到关键、重点岗位的应急程序简明化、牌板化、图表化，制定出的简明扼要的现场处置方案，在事故应急处置过程中可以简便快捷地予以实施。这一方面有利于使从业人员做到心中有数，提高安全生产意识和事故防范能力，减少事故发生，降低事故损失，另一方面方便企业如实告知从业人员应当采取的防范措施和事故应急措施，提高自救互救能力。

事故案例：2003 年 12 月 23 日 21 时 57 分，重庆市开县高桥镇“罗家 16H”井发生了特大井喷事故，造成 243 人死亡，9.3 万余人受灾，6.5 万余人被迫疏散转移。事故发生后，由于中央企业与地方政府特别是区县级人民政府在事故报告、情况通报方面程序不完善，没有制定相互衔接的应急预案，导致企业与地方政府之间缺乏及时沟通协调。钻探公司先报告四川石油管理局，再转报重庆市安全生产监督管理局，然后转报市政府，最后才通知开县县政府，此时距事故发生已有 1 个半小时，而人员伤亡最大的高桥镇却一直没有接到钻井队事故报告，致使事故应急救援严重滞后。

(5)必须开展从业人员岗位应急知识教育和自救互救、避险逃生技能培训，并定期组织考核。

依据：《安全生产法》第二十五条、第五十五条有关要求。

解读：新《安全生产法》第二十五条中明确了安全生产教育和培训应当包括的内容，增加规定了“了解事故应急处理措施以及熟悉从业人员自身在安全生产方面的权利和义务”两方面的内容。事故应急知识是应急培训的重要内容，从业人员掌握了这些知识，可以在事故发生时有效应对，在保护自身安全的同时，防止事故扩大，减少事故损失。

应急处置是一个复杂的系统工程，作为岗位从业人员，在事故发生后第一时间开展自救互救、避险逃生，对于减少事故造成的人员伤亡具有十分重要的作用。岗位从业人员是企业安全生产应急管理的第一道防线，是生产安全事故应急处置的首要响应者。加强岗位从业人员的应急培训，特别是加强岗位应急知识教育和自救互救、避险逃生技能的培训，既是全面提高企业应急处置能力的要求，也是有效防止因应急知识缺乏导致事故扩大的迫切需要。

企业要提高认识，认真履行职责，以全面提升岗位从业人员应急能力为目标，制订培训计划、设置培训内容、严格培训考核、抓好培训落实。要牢牢坚守“发展决不能以牺牲人的生命为代价”这条红线，牢固树立培训不到位是重大安全隐患的理念，全面落实应急培训主体责任。必须按照国家有关规定对所有岗位从业人员进行应急培训，确保其具备本岗位安全操作、自救互救以及应急处置所需的知识和技能，切实突出厂(矿)、车间(工段、区、队)、班组三级安全培训，不断提升岗位从业人员应急能力。

针对实践中安全生产教育和培训不落实、不规范甚至流于形式等问题，《安全生产法》第二十五条在修改中专门增加规定，要求企业应当建立安全生产教育培训档案，如实记录培训的时间、内容、参加人员以及考核结果等情况。企业要将应急知识培训作为岗位从业人员的必修课并进行考核，建立健全适应企业自身发展的应急培训与考核制度，确保应急培训和考核效果。将考核结果与员工绩效挂钩，实行企业与员工在应急培训考核上双向盖章、签字管理，严禁形式主义和弄虚作假，切实做到企业每发展一步，应急培训就跟进一课，考核就进行一次，始终保持应急培训和考核的规范化、制度化。

事故案例：2013 年 9 月 28 日 3 时许，山西汾西正升煤业有限责任公司东翼回风大巷掘进工作面发生重大透水事故，造成 10 人死亡。由于企业对从业人员的应急培训教育不足，也未认真落实《煤矿防治水规定》，致使从业人员安全意识、应急知识淡薄，水害辨识、防治能力差。事发前支护工在打锚杆时钻孔已出现较大水流，且水发臭、发红，现场作业人员在出现透水征兆的情况下未引起足够重视，未及时采取停止施工、撤出人员等有效的应急措施，而是在水流变小后启动综掘机继续掘进，最终导致事故发生。

（6）必须向从业人员告知作业岗位、场所危险因素和险情处置要点，高风险区域和重大危险源必须设立明显标识，并确保逃生通道畅通。

依据：《安全生产法》第三十二条、第三十九条、第四十一条、第五十条，《突发事件应对法》第二十四条有关要求。

解读：企业的生产行为多种多样，作业场所和工作岗位存在危险因素也是多种多样的。对于从业人员来说，熟悉作业场所和工作岗位存在的危险因素、应采取的防范措施和事故应急措施是十分必要的。因此，企业有义务告知从业人员作业场所和工作岗位存在的危险因素、应当采取的防范措施和事故应急措施、险情处置要点等。这一方面有利于从业人员做到心中有数，提高应急处置意识和事故防范能力，减少事故发生，降低事故损失；另一方面也是从业人员知情权的体现。因此，本条规定了对作业场所和工作岗位存在的危险因素、应当采取的防范措施和事故应急措施，企业应当如实告知从业人员。如实告知是指按实际情况告知，不得隐瞒、保留，更不能欺骗从业人员。

在高风险区域和重大危险源场所或者有关设施、设备上设立明显的安全警示标识，可以提醒、警告作业人员或者其他有关人员时刻清醒认识所处环境的危险，提高注意力，加强自身安全保护，严格遵守操作规程，减少事故的发生。因此，企业在高风险区域和重大危险源设立明显标识，是企业的一项法定义务，也是企业应急管理的重要内容，必须高度重视，认真执行。国家制定了一系列关于安全警示标识的标准，如《安全标示》、《安全标示使用导则》、《安全色》、《矿山安全标示图》和《工作场所职业病危害警示标识》等，国家安全生产监督管理总局还建立了安全警示标志管理制度。这些标准和制度都是企业切实履行本条规定义务的重要依据。

关于逃生通道畅通，这是实践中血的教训总结出的结论。一些企业的生产经营场所建设不符合安全要求，不设紧急出口或出口不规范；有的虽然设了紧急出口，但没有疏散标志或标志不明显；有的疏散通道乱堆乱放，不能保证畅通，发生事故时从业人员无法紧急疏散。也有一些企业出于各种目的，锁闭、封堵生产经营场所或者员工宿舍的出口，致使发生事故时从业人员逃生无门，造成大量的人员伤亡。为了从制度上解决这一问题，避免类似悲剧再次发生，《安全生产法》第三十九条明确规定，“生产经营场所和员工宿舍应当设有符合紧急疏散需要、标志明显、保持畅通的出口。禁止锁闭、封堵生产经营场所或者员工宿舍的出口。”这就要求企业的生产经营场所和员工宿舍在建设时就要考虑好疏散通道、安全出口，出口应当有明显标志，即标志应在容易看到的地方，并保证标志清晰、规范、易于识别。出口应随时保持畅通，不得堆放有碍通行的物品。更不能以任何理由、任何方式，锁闭、封堵生产经营场所或者员工宿舍的出口。

事故案例：2013 年 6 月 3 日 6 时 10 分许，吉林省德惠市宝源丰禽业有限公司主厂房发生特别重大火灾爆炸事故，造成 121 人死亡、76 人受伤，17234m^2 主厂房及主厂房内生产设备被损毁。由于主厂房内逃生通道复杂，且南部主通道西侧安全出口和另一直通室外的安全出口被锁闭，火灾发生时主厂房内作业人员无法及时逃生，造成重大人员伤亡。

（7）必须落实从业人员在发现直接危及人身安全的紧急情况时停止作业，或在采取可能的应急措施后撤离作业场所的权利。

依据：《安全生产法》第五十二条、第五十五条有关要求。

解读：《安全生产法》明确规定，从业人员发现直接危及人身安全的紧急情况，如果继续作业很有可能会发生重大事故时（如矿井内瓦斯浓度严重超标），有权停止作业；或者事故马上就要发生，不撤离作业场所就会造成重大伤亡时，可以在采取可能的应急措施后撤离作业场所。《国务院关于进一步加强企业安全生产工作的通知》文件中提出，赋予企业生产现场带班人员、班组长和调度人员在遇到险情第一时间下达停产撤人命令的直接决策权和指挥权。由于企业活动具有不可完全预测的风险，从业人员在作业过程中有可能会突然遇到直接危及人身安全的紧急情况。此时，如果不停止作业或者撤离作业场所，就极有可能造成重大的人身伤亡。因此，必须赋予从业人员在紧急情况下可以停止作业以及撤离作业场所的权利，这是从业人员可以自行做出的一项保证生命安全的重要决定，企业必须无条件落实。

在企业生产经营活动中，从业人员如何判断“直接危及人身安全的紧急情况”，采取什么“可能的应急措施”，需要根据现场具体情况来判断。从业人员应正确判断险情危及人身安全的程度，行使这一权利既要积极，又要慎重。因此，应不断提升从业人员安全培训教育，特别是应急处置能力的培训教育，全面提升从业人员的基本素质，使从业人员掌握本岗位所需要的应急管理知识，提高第一时间应急处置技能，不断增强事故防范能力。

事故案例： 2013 年 3 月 29 日 21 时 56 分，吉林省吉煤集团通化矿业集团公司八宝煤业公司发生特别重大瓦斯爆炸事故，造成 36 人死亡，12 人受伤。在事故现场连续 3 次发生瓦斯爆炸的情况下，部分工人已经逃离危险区（其中有 6 名密闭工升井，坚决拒绝再冒险作业），但现场指挥人员不仅没有采取措施撤人，而且强令其他工人返回危险区域继续作业，并从地面再次调人入井参加作业。在第 4 次瓦斯爆炸时，造成重大人员伤亡。

（8）必须在险情或事故发生后第一时间做好先期处置，及时采取隔离和疏散措施，并按规定立即如实向当地政府及有关部门报告。

依据：《安全生产法》第八十条，《突发事件应对法》第五十六条有关要求。

解读：《国务院安委会关于进一步加强生产安全事故应急处置工作的通知》对应急处置过程的管理和控制提出了严格要求。企业负责人的重要责任之一就是组织本企业事故的抢险救援。企业负责人是最有条件开展第一时间处置的，在第一时间组织抢救，又熟悉本企业生产经营活动和事故的特点，其迅速组织救援，避免事故扩大，意义重大。在开展先期处置的过程中，企业要充分发挥现场管理人员和专业技术人员以及救援队伍指挥员的作用，根据需要及时划定警戒区域，及时采取隔离和疏散措施。同时，企业要立即报告驻地政府并及时通知周边群众撤离，对现场周边及有关区域实行交通管制，确保救援安全、顺利开展。

《安全生产法》、《突发事件应对法》等法律中明确规定：事故发生后，事故现场有关人员应当立即报告本单位负责人，企业负责人要按照国家有关规定立即向当地负有安全生产监管职责的部门如实报告。这里的“规定”是指《特种设备安全法》和《生产安全事故报告和调查处理条例》以及其他相关的法律、行政法规。这些法律、行政法规对单位负责人报告事故的时限、程序、内容等做了明确规定。按照要求，单位负责人应当在接到事故报告后 1 小时内向事故发生地县级以上人民政府安全生产监督管理部门和负有安全生产监督管理职责的有关部门报告。事故报告的内容包括事故企业概况或者可能造成的伤亡人数，已经采取的措施以及其他应当报告的情况。企业负责人应当将这些情况全面、如实上报，不得隐瞒不报、谎报或者迟报，以免影响及时组织更有力的应急救援工作。

事故案例：2013年11月22日10时25分，中国石油化工股份有限公司管道储运分公司（以下简称中石化管分公司）东黄输油管道泄漏原油进入青岛市经济技术开发区市政排水暗渠，在形成密闭空间的暗渠内发生爆炸，造成62人死亡、136人受伤。2时12分泄漏发生后，青岛站、潍坊输油处、中石化管道分公司对事故风险评估出现严重错误，没有及时下达启动应急预案的指令；未按要求及时全面报告泄漏量、泄漏油品等信息，存在漏报问题；现场处置人员没有对泄漏区域实施有效警戒和围挡。在管道堵漏作业严重违规违章的情况下，致使爆炸发生。

(9)必须每年对应急投入、应急准备、应急处置与救援等工作进行总结评估。

依据：《安全生产法》第二十条，《突发事件应对法》第二十二条有关要求。

解读：落实应急处置总结评估制度，是贯彻落实《国务院安委会关于进一步加强生产安全事故应急处置工作的通知》（以下简称《通知》）的一个重要体现，《通知》要求建立健全事故应急处置总结和评估制度，并对总结报告的主要内容作了明确规定，要求在事故调查报告中对应急处置做出评估结论。

《国家突发公共事件总体应急预案》中，对应急保障工作提出了明确要求，其中关于财力及物资保障方面的要求对企业开展应急投入和应急准备具有指导作用。企业作为安全生产应急管理工作的主体，必须强化并落实《安全生产法》、《突发事件应对法》中关于安全投入、应急准备和应急处置与救援的各方面要求。企业应当确保应急管理所需的资金、技术、装备、人员等方面投入，应急投入必须满足日常应急管理工作需要，且必须保障紧急情况下特别是事故处置和救援过程中的应急投入，确保投入到位。企业要针对安全生产和应急管理的季节性特点，进一步强化防范自然灾害引发的生产安全事故，加强汛期等重点时段的应急准备，强化应急值守、加强巡视检查、做好物资储备、做到有备无患。在事故应急救援和处置结束后，要及时总结事故应急救援和处置情况，按照国家安全生产监督管理总局办公厅印发的《生产安全事故应急处置评估暂行办法》的要求，详细总结相关情况，并按照要求向地方政府负有安全生产和应急管理职责的部门进行报告。

以上工作内容，企业需按年度进行总结评估，并通过总结评估不断改进、提升企业的应急管理工作水平。

事故案例：2014 年 3 月 1 日 14 时 45 分许，晋济高速公路山西省晋城段岩后隧道发生道路交通危险化学品爆燃特别重大事故，造成 40 人死亡、12 人受伤和 42 辆车烧毁。经事故调查组对应急处置和应急救援调查评估，提出了进一步加强公路隧道和危险货物运输应急管理的意见：一是抓紧完善危险货物道路运输事故应急预案和各类公路隧道事故应急处置方案；二是统一和规范地方政府危险货物事故接处警平台，强化应急响应和处置工作；三是当地政府及其有关部门、单位和涉事人员在事故发生第一时间内要及时、安全、有力、有序、有效进行应急处置，准确上报和发布事故信息；四是要针对危险货物运输事故尤其是隧道事故特点，建立专兼职应急救援队伍，配备专门装备和物资，加强技战术训练和应急演练；五是加强事故应急意识和自救互救技能教育培训，不断提高全民事故防范意识和逃生避险、自救互救技能。

《九条规定》是企业安全生产应急管理工作的基本要求和底线。地方各级安全生产应急管理部门和各类企业要以贯彻执行《九条规定》为契机，落实责任，突出重点，推动企业安全生产应急管理工作再上新台阶，严防事故特别是较大以上事故发生，促进全国安全生产形势持续稳定好转。

《企业安全生产责任体系五落实五到位规定》解读

2015 年 3 月 16 日，国家安全生产监督管理总局印发《企业安全生产责任体系五落实五到位规定》(安监总办〔2015〕27 号，以下简称《五落实五到位规定》)。为了认真学习、宣传和落实好《五落实五到位规定》，进一步健全安全生产责任体系，强化企业安全生产主体责任落实，加快实现全国安全生产形势根本好转，特解读如下。

一、为什么要制定《五落实五到位规定》

安全生产关系人民群众生命和财产安全，关系改革发展稳定大局。党中央、国务院始终高度重视安全生产，近年来采取一系列重大举措，不断加强安全生产工作。在各地区、各有关部门和各方面的共同努力下，全国安全生产状况呈现总体稳定、趋于好转的发展态势。但是，我国目前仍处于工业化、城镇化快速发展时期，制约安全生产的一些深层次的矛盾和问题还没有得到根本解决，事故总量依然较大，重特大事故时有发生，职业病危害严重，安全生产形势仍然十分严峻。责任是做好安全生产工作的灵魂。企业是生产经营建设活动的市场主体，承担安全生产主体责任，是保障安全生产的根本和关键所在，其中企业领导责任则是关键中的关键。分析近年来的事故可以发现，大部分事故的发生是由于企业安全生产主体责任不落实、企业领导不重视、安全管理薄弱等造成的。只有进一步强化企业安全生产主体责任，落实企业领导责任，从源头上把关，才能从根本上防止和减少生产安全事故的发生。

制定《五落实五到位规定》，是贯彻落实习近平总书记关于安全生产工作的重要指示和新《安全生产法》的必然要求。习近平总书记强调，要抓紧建立健全“党政同责、一岗双责、齐抓共管”的安全生产责任体系，把安全责任落实到岗位、落实到人头，坚持“管行业必须管安全，管业务必须管安全，管生产经营必须管安全”；所有企业必须认真履行安全生产主体责任，做到安全投入到位、安全培训到位、基础管理到位、应急救援到位。新修订的《安全生产法》也从 18 个方面对进一步强化和落实安全生产主体责任进行了具体规定。2014 年，我们认真贯彻落实习近平总书记重要指示精神，在全国强力推进安全生产责任体系建设，实现了省、市、县“三级五覆盖”。2015 年，我们的首要中心工作就是继续认真贯彻落实总书记重要指示精神，全面贯彻落实新《安全生产法》的要求，大力推进依法治安，进一步健全安全生产责任体系，推动“三级五覆盖”向乡镇(街道)、行政村（居）延伸，实现“五级五覆盖”，依法落实企业主体责任，推动企业做到“五落实五到位”。为此，我们牢牢抓住企业主体责任这个根本，扣住企业领导责任这个关键，在多次深入调研、反复征求各方意见的基础上，提出了《五落实五到位规定》，并以国家安全生产监督管理总局文件发布实施。

《五落实五到位规定》是贯彻落实党中央、国务院决策部署和习近平总书记重要指示精神的重大举措，是有关法律法规要求的归纳提炼和突出强调，抓住了企业安全生产的关键和根本，是企业必须履行的法定职责和义务。宣传贯彻好《五落实五到位规定》，对于保护职工生命安全、落实企业安全生产主体责任和实现安全生产状况持续稳定好转具有重要意义。

二、《五落实五到位规定》的主要内容是什么

《五落实五到位规定》中所指企业主要是指具有公司治理结构的企业，其他企业可参照执行。《五落实五到位规定》主要内容就是要求企业必须做到“五个落实、五个到位”。其主要特点是：

一是依法依规，言之有据。《五落实五到位规定》是以部门规范性文件发布的，但其中的每一个必须、每一项要求，都依据了安全生产相关法律法规，都是有法可依的。违反了规定，就要依法进行处罚。

二是突出重点，切中要害。《五落实五到位规定》牢牢扣住了责任这个安全生产的灵魂，对如何落实企业安全生产责任特别是领导责任做出了明确规定，切中了企业安全生产工作的要害。如果企业把这几条规定真正落实到位了，就会大大提高安全生产水平，从根本上防止和减少生产安全事故发生。

三是简明扼要，便于操作。《五落实五到位规定》只有 226 个字，简明扼要，一目了然。其基本要求，在相关法律法规规程中都有体现，但还不够清晰、具体，许多企业不够熟悉。通过制定《五落实五到位规定》，把企业应该做的、必须做的基本要求都规定得非常清楚，便于记忆，便于操作。

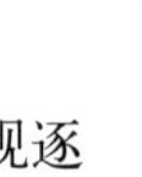

为深刻领会、准确理解《五落实五到位规定》的主要内容和精神实质，现逐条进行简要解释说明。

第一条　必须落实“党政同责”要求，董事长、党组织书记、总经理对本企业安全生产工作共同承担领导责任。

企业的安全生产工作能不能做好，关键在于主要负责人。实践也表明，凡是企业主要负责人高度重视的、亲自动手抓的，安全生产工作就能够得到切实有效的加强和改进，反之就不可能搞好。因此，必须明确企业主要负责人的安全生产责任，促使其高度重视安全生产工作，保证企业安全生产工作有人统一部署、指挥、推动、督促。《安全生产法》第五条明确规定：生产经营单位的主要负责人对本单位的安全生产工作全面负责。第十八条规定的企业主要负责人对安全生产工作负有的职责包括：建立、健全本单位安全生产责任制；组织制定本单位安全生产规章制度和操作规程；组织制定并实施本单位安全生产教育和培训计划；保证本单位安全生产投入的有效实施；督促、检查本单位的安全生产工作，及时消除生产安全事故隐患；组织制定并实施本单位的生产安全事故应急救援预案；及时、如实报告生产安全事故等。

企业中的基层党组织是党在企业中的战斗堡垒，承担着引导和监督企业遵守国家法律法规，参与企业重大问题决策、团结凝聚职工群众、维护各方合法权益、促进企业健康发展的重要职责。习近平总书记强调要落实安全生产“党政同责”；党委要管大事，发展是大事，安全生产也是大事；党政一把手必须亲力亲为、亲自动手抓。因此，各类企业必须要落实“党政同责”的要求，党组织书记要和董事长、总经理共同对本企业的安全生产工作承担领导责任，也要抓安全、管安全，发生事故要依法依规一并追责。

第二条　必须落实安全生产“一岗双责”，所有领导班子成员对分管范围内安全生产工作承担相应职责。

安全生产工作是企业管理工作的重要内容，涉及企业生产经营活动的各个方面、各个环节、各个岗位。安全生产人人有责、各负其责，这是做好企业安全生产工作的重要基础。抓好安全生产工作，企业必须要按照“一岗双责”、“管业务必须管安全、管生产经营必须管安全”的原则，建立健全覆盖所有管理和操作岗位的安全生产责任制，明确企业所有人员在安全生产方面所应承担的职责，并建立配套的考核机制，确保责任制落实到位。《安全生产法》第十九条规定：生产经营单位的安全生产责任制应当明确各个岗位的责任、责任范围和考核标准等内容。

企业领导班子成员中，主要负责人要对安全生产负总责，其他班子成员也必须落实安全生产“一岗双责”，既要对具体分管业务工作负责，也要对分管领域内的安全生产工作负责，始终做到把安全生产与其他业务工作同研究、同部署、同督促、同检查、同考核、同问责，真正做到“两手抓、两手硬”。这也是习近平总书记重要讲话所要求的，是增强各级领导干部责任意识的需要。所有领导干部，不管在什么岗位、分管什么工作，都必须在做好本职工作的同时，担负起相应的安全生产工作责任。

第三条　必须落实安全生产组织领导机构，成立安全生产委员会，由董事长或总经理担任主任。

企业安全生产工作涉及各个部门，协调任务重，难以由一个部门单独承担。因此，企业要成立安全生产委员会来加强对安全生产工作的统一领导和组织协调。企业安全生产委员会一般由企业主要负责人、分管负责人和各职能部门负责人组成，主要职责是定期分析企业安全生产形势，统筹、指导、督促企业安全生产工作，研究、协调、解决安全生产重大问题。安全生产委员会主任必须要由企业主要负责人（董事长或总经理）来担任，这有助于提高安全生产工作的执行力，有助于促进安全生产与企业其他各项工作的同步协调进行，有助于提高安全生产工作的决策效率。另外，主要负责人担任安全生产委员会主任，也体现了对安全生产工作的重视，体现了对企业职工的感情，体现了勇于担当、敢于负责的精神。

第四条　必须落实安全管理力量，依法设置安全生产管理机构，配齐配强注册安全工程师等专业安全管理人员。

落实企业安全生产主体责任，需要企业内部组织架构和人员配备上对安全生产工作予以保障。安全生产管理机构和安全生产管理人员，是企业开展安全生产管理工作的具体执行者，在企业安全生产中发挥着不可或缺的作用。分析近年来发生的事故，企业没有设置相应的安全生产管理机构或者配备必要的安全生产管理人员，是重要原因之一。因此，对一些危险性较大行业的企业或者从业人员较多的企业，必须设置专门从事安全生产管理的机构或配置专职安全生产管理人员，确保企业日常安全生产工作时时有人抓、事事有人管。

《安全生产法》第二十一条规定：矿山、金属冶炼、建筑施工、道路运输单位和危险物品的生产、经营、储存单位，应当设置安全生产管理机构或者配备专职安全生产管理人员。其他生产经营单位，从业人员超过一百人的，应当设置安全生产管理机构或者配备专职安全生产管理人员；从业人员在一百人以下的，应当配备专职或者兼职的安全生产管理人员。第二十四条规定：危险物品的生产、储存单位以及矿山、金属冶炼单位应当有注册安全工程师从事安全生产管理工作。鼓励其他生产经营单位聘用注册安全工程师从事安全生产管理工作。

第五条　必须落实安全生产报告制度，定期向董事会、业绩考核部门报告安全生产情况，并向社会公示。

企业安全生产责任制建立后，还必须建立相应的监督考核机制，强化安全生产目标管理，细化绩效考核标准，并严格履职考核和责任追究，来确保责任制的有效落实。《安全生产法》第十九条规定：生产经营单位应当建立相应的机制，加强对安全生产责任制落实情况的监督考核，保证安全生产责任制的落实。安全生产报告制度，是监督考核机制的重要内容。安全生产管理机构或专职安全生产管理人员要定期对企业安全生产情况进行监督考核，定期向董事会、业绩考核部门报告考核结果，并与业绩考核和奖惩、晋升制度挂钩。报告主要包括企业安全生产总体状况、安全生产责任制落实情况、隐患排查治理情况等内容。

第六条　必须做到安全责任到位、安全投入到位、安全培训到位、安全管理到位、应急救援到位。

企业要保障生产经营建设活动安全进行，必须在安全生产责任制度和管理制度、生产经营设施设备、人员素质、采用的工艺技术等方面达到相应的要求，具备必要的安全生产条件。从实际情况看，许多事故发生的重要原因就是企业不具备基本的安全生产条件，为追求经济利益，冒险蛮干、违规违章，甚至非法违法生产经营建设。《安全生产法》第十七条规定：生产经营单位应当具备本法和有关法律、行政法规和国家标准或者行业标准规定的安全生产条件；不具备安全生产条件的，不得从事生产经营活动。第四条规定：生产经营单位必须遵守本法和其他有关安全生产的法律、法规，加强安全生产管理，建立、健全安全生产责任制和安全生产规章制度，改善安全生产条件，推进安全生产标准化建设，提高安全生产水平，确保安全生产。“五个到位”的要求在相关法律法规、规章标准中都有具体规定，是企业保障安全生产的前提和基础，是企业安全生产基层、基础、基本功“三基”建设的本质要求，必须认真落实到位。

三、怎样落实好《五落实五到位规定》

围绕《五落实五到位规定》的深入学习贯彻，应着重做好以下几个方面的工作：

（1）加强领导，深入宣贯。各地区、各有关单位和企业要高度重视《五落实五到位规定》的学习和宣贯活动，主要负责同志要直接抓，细化任务分工，层层落实责任，积极协调指导，及时掌握进展情况，研究解决存在的问题。各级安全监管部门要组织印制规定挂图，各企业要将挂图在醒目位置张贴，确保无遗漏、全覆盖。所有企业都必须组织职工逐条逐字深入学习，领会精神实质，把握准确内涵，自觉落实到企业管理的全过程、落实到安全生产的每个环节。要将《五落实五到位规定》作为今年安全生产宣传教育工作的重要内容，纳入“安全生产月”等活动中，通过互联网、报纸、电视、广播、板报等多种途径广泛宣传，形成宣贯《五落实五到位规定》的浓厚氛围。

（2）细化措施，全面落实。各地区、各有关单位要做好贯彻落实《五落实五到位规定》工作的组织实施，制定部署本地区、本行业贯彻落实的具体措施。所有企业要逐条对照《五落实五到位规定》对本单位安全生产工作情况进行一次全面梳理，认真查找不足和漏洞，按照《五落实五到位规定》的要求进一步健全并落实安全生产责任和安全生产规章制度，加强安全管理、加大安全投入、改善安全生产条件，切实提高安全生产水平，有效防范各类事故发生。

（3）狠抓典型，以点带面。各地区要及时发现和总结在贯彻执行《五落实五到位规定》方面好的典型经验，以点带面，发挥典型引路作用，全面带动所有企业加强安全生产工作。要严厉查处反面典型，对不严格落实《五落实五到位规定》、敷衍应付，造成事故发生的，要认真追查原因，严格按照“四不放过”的原则，依法追究企业负责人责任，并通过事故通报、警示教育、召开现场会等形式，吸取教训，真正做到“一矿出事故、万矿受教育，一地有隐患、全国受警示”。

（4）加强督导，严格执法。各级安全监管监察部门要密切关注《五落实五到位规定》的贯彻落实情况，及时开展专项监督检查和工作指导，认真研究、协调解决贯彻实施中出现的突出问题。督促企业把规定的每一项要求逐一落实执行到位，不留死角。对违反规定的，要依法依规严肃追究有关单位和人员的责任。要把督促落实《五落实五到位规定》纳入全年执法计划，作为深化安全专项整治、强化“打非治违”的重要举措，特别是要加强对《五落实五到位规定》落实情况的随机动态抽查和检查，确保扎扎实实推进落实，杜绝形式主义和做表面文章。

《劳动密集型加工企业安全生产八条规定》解读

2015年2月28日，国家安全生产监督管理总局颁布实施《劳动密集型加工企业安全生产八条规定》（第72号令，以下简称《八条规定》）。劳动密集型加工企业，主要是指在同一作业场所内，发生爆炸、火灾、有害物质泄漏等事故能量伤害范围超过10人以上，容易造成群死群伤的工业企业，如从事食品、机械、家具、木制品、塑料、纺织、服装、服饰、鞋帽、皮革、玩具、手工艺品等加工制造的企业。《八条规定》主要内容由八个“必须”和“严禁”组成，条条都是从血的教训中总结出来的，是针对该类企业安全生产工作的主要矛盾和关键问题提出的具体要求。有关企业要认真贯彻执行《八条规定》，严防重特大事故的发生。

第一条　必须证照齐全，确保厂房符合安全标准和设计规范，严禁违法使用易燃、有毒有害材料。

解读：企业的证照主要包括工商营业执照、消防竣工验收、建设项目“三同时”备案、特种设备检测等有关证照和各类相应的生产许可证。证照不全或不在有效期内的，不得组织生产。厂房必须满足《建筑设计防火规范》（GB 50016—2014）和有关安全生产标准规范的要求，例如涉及粉尘爆炸危险作业场所的厂房还应该满足《粉尘防爆安全规程》（GB 15577—2007）的要求，厂房宜采用单层设计，屋顶采用轻型结构。山东省潍坊市龙源食品有限公司“11·16”重大火灾事故，由于保鲜恒温库墙面使用可燃的聚氨酯泡沫作为保温材料，着火后火势蔓延迅速，产生有毒有害气体，导致人员伤亡扩大。近年类似的事故常有发生，因此，企业必须严禁违法使用易燃、有毒有害材料。

第二条　必须确保生产工艺布局按规范设计，严禁安全通道、安全间距违反标准和设计要求。

解读：企业的生产工艺布局设计必须严格执行《工业企业总平面设计规范》（GB 50187—2012）、《工业企业设计卫生标准》（GBZ 1—2010）等有关国家和行业安全生产标准规范。2014年8月2日，江苏省昆山市中荣金属制品有限公司发生特别重大铝粉尘爆炸事故，当天造成 75 人死亡、185 人受伤，在事故发生后 30 日报告期内，共有 97 人死亡、163 人受伤（事故报告期后，经全力抢救医治无效陆续死亡 49 人）。该企业生产工艺布局设计不符合标准要求，生产线布置过密，作业工位排列拥挤，部分安全通道间距不足，这是事故人员伤亡加重的原因之一。因此，本条规定对生产工艺布局设计，尤其是安全通道、安全间距的设置提出了要求。

第三条　必须按标准选用、安装电气设备设施，规范敷设电气线路，严禁私搭乱接、超负荷运行。

解读：电气设备设施及线路故障往往是引发企业发生爆炸、火灾等群死群伤事故的引火源，吉林省宝源丰禽业有限公司“6・3”特别重大火灾爆炸事故、山东省潍坊市龙源食品有限公司“11•16”重大火灾事故等都是由于电气线路短路、引燃周围可燃物而起火的。企业必须按照《建筑设计防火规范》（GB 50016—2014）、《爆炸危险环境电力装置设计规范》（GB 50058—2014）、《危险场所电气防爆安全规范》（AQ 3009—2007）、《通用用电设备配电设计规范》（GB 50055—2011）、《供配电系统设计规范》（GB 50052—2009）、《低压配电设计规范》（GB 50054—2011）等标准规范要求，选用、安装电气设备设施，规范敷设电气线路。

第四条　必须辨识危险有害因素，规范液氨、燃气、有机溶剂等危险物品使用和管理，严禁泄漏及冒险作业。

解读：企业开展危险有害因素辨识是做好安全生产工作的基础。2014 年 12 月 31 日，广东省佛山市顺德区的广东富华工程机械制造有限公司发生重大爆炸事故，死亡 18 人。该企业未进行危险有害因素辨识，没有辨识出用于清洗作业的稀释剂挥发产生的可燃气体流入并积聚在车轴装配总线地沟内这一危险因素，也就未针对这一危险因素采取有效控制措施，从而在作业现场形成了爆炸源。涉及危险物品的企业必须按照《安全生产法》第 36 条和《危险化学品安全管理条例》的要求，建立专门的安全管理制度，采取可靠的安全措施，规范危险物品使用和管理。

第五条　必须严格执行动火、临时用电、检维修等危险作业审批监控制度，严禁违章指挥、违规作业。

解读：企业涉及的危险作业包括动火、临时用电、检维修、吊装、有限空间、高处作业等。危险作业过程中容易出现各类生产安全事故，是企业安全管理的重点。广东富华工程机械制造有限公司“12·31”重大爆炸事故就是由于违规动火作业引发的。2015年1月14日，云南省红河金珂糖业有限责任公司在糖浆箱清洗作业时，由于未执行有限空间作业审批制度，未采取通风、检测、监护等有效防护措施，发生较大中毒窒息事故，死亡4人，重伤8人。严格执行危险作业审批监控制度，就是要审查作业过程中风险是否分析全面，确认安全作业条件是否具备，安全措施是否足够并落实，相关人员是否经过培训并具备相应能力，现场监护人员是否到位，应急救援措施是否落实等。

第六条 必须严格落实从业人员安全教育培训，严禁从业人员未经培训合格上岗和需持证人员无证上岗。

解读：据统计，由于人的不安全行为所造成的生产安全事故，约占事故总数的85%以上。上海翁牌冷藏实业有限公司“8·31”重大氨泄漏事故的直接原因是，在采用热氨融霜过程中操作人员严重违规作业，导致发生液锤现象，压力瞬间升高，致使存有严重焊接缺陷的单冻机回气集管管帽脱落，造成液氨泄漏。企业必须按照《安全生产法》第二十五条的有关要求，对从业人员进行安全生产教育和培训，保证从业人员具备必要的安全生产知识，熟悉有关的安全生产规章制度和安全操作规程，掌握本岗位的安全操作技能，了解事故应急措施，知悉逃生方法。未经安全生产教育和培训合格的从业人员，不得上岗作业。从业人员应涵盖临时用工、被派遣劳动者、实习生等人员。《安全生产法》第二十七条对特种作业人员持证上岗进行了明确规定，特种作业人员必须经过专门安全作业培训，取得相应资格证书，才能上岗作业。

第七条 必须按规定设置安全警示标识和检测报警等装置，严禁作业场所粉尘、有毒物质等浓度超标。

解读：《安全生产法》第三十二条规定：“生产经营单位应当在有较大危险因素的生产经营场所和有关设施、设备上，设置明显的安全警示标志”。生产过程中可能发生易燃易爆、有毒有害物质泄漏的企业，要按照《石油化工企业可燃气体和有毒气体检测报警设计规范》（GB 50493—2009）等有关标准规范，安装泄漏检测报警装置，确保泄漏事故早发现、早处置。江苏省苏州昆山市中荣金属制品有限公司的作业现场未设置安全警示标识，没有引起员工对铝粉尘爆炸危害的重视，也未进行现场粉尘浓度检测，现场积尘现象严重，这都为“8・2”特别重大爆炸事故的发生埋下了隐患。作业场所涉及的易燃易爆气体和粉尘、有毒有害气体和粉尘、高温、噪声等将影响从业人员的健康，企业要按照有关标准规范要求，采取有效防控措施，定期进行作业场所职业病危害因素检测，确保符合《工作场所有害因素职业接触限值》(GBZ 2—2002)的要求。

第八条　必须配备必要的应急救援设备设施，严禁堵塞、锁闭和占用疏散通道及事故发生后延误报警。

解读：做好应急准备工作，配备必要的应急救援设备设施，制定应急预案并开展应急演练，不断提高应急处置能力，企业才能在事故发生第一时间启动应急预案，控制事故，减少人员伤亡和财产损失。生产经营场所和员工宿舍应当设有符合紧急疏散要求、标志明显、保持畅通的出口。由于堵塞、锁闭和占用疏散通道及事故发生后延误报警等导致事故发生后人员无法及时疏散的事故教训极为深刻。如吉林省长春市宝源丰禽业有限公司“6•3”特别重大火灾爆炸事故发生时，主厂房内逃生通道复杂，南部主通道西侧安全出口和二车间西侧直通室外的安全出口被锁闭，导致人员无法及时逃生，造成更大的人员伤亡。

《环境保护主管部门实施按日连续处罚办法》解读

为贯彻执行新《环境保护法》，严惩违法排污行为，规范按日连续处罚的实施，国家环境保护部发布了《环境保护主管部门实施按日连续处罚办法》(以下简称《办法》)。

实施按日连续处罚是加强环境保护工作的迫切需要。《环境保护法》修订之前，我国环境保护法律和行政法规对环境违法行为的罚款处罚额度严重低于企业的防治污染成本和违法生产收益，“守法成本高，违法成本低”的现象普遍存在。这导致了企业在利润最大化目标的引导下，宁可选择违法，承担相对轻微的法律责任，也不愿履行防治污染的法定义务。这成为环境违法案件频发、违法排污企业屡罚屡犯的一个重要原因。当环保部门的处罚不能对环境违法行为构成有效震慑时，企业对环境保护工作便不会高度重视，环境违法行为也不能得到及时纠正。为解决这一问题，在总结和借鉴国内外已有经验的基础上，新《环境保护法》规定了按日连续处罚制度，即按照违法排污行为拒不改正的天数累计每天的处罚额度，违法时间越长，罚款数额越高，从而实现过罚相当，有效解决“守法成本高，违法成本低”的问题，达到督促违法行为及时改正的目的。

制定《办法》是贯彻新《环境保护法》的迫切需要。按日连续处罚制度打破了对环境违法行为罚款数额的限制，使“罚无上限”，对违法排污企业来说，这无疑是一把高悬的利剑。然而，由于按日计罚是一项全新的制度，各级环保部门普遍缺乏操作经验，迫切需要制定具体办法，规范适用范围、实施程序和计罚方式等，使按日连续处罚真正成为环保部门打击环境违法行为的有力武器和督促排污者自觉履行环保主体责任、改善环境的强有力手段。

制定《办法》是依法行政的必然要求。实施按日连续处罚，一方面应当适用法律规定的行政处罚程序，另一方面又有着不同于一般行政处罚的特殊程序和要求。特别是由于按日连续处罚是对环境违法行为的严惩重罚，关乎排污者的切身利益，因而更应保证其实施的合法性和规范性，充分保障相对人的合法权益。在新《环境保护法》规定按日连续处罚之前，一些地方性法规已经做了有益探索，但这些地方性法规的规定，相互之间有很多不同。如《重庆市环境保护条例》规定，环保部门可以对违法排污拒不改正的行为实施按日累加处罚，《深圳经济特区环境保护条例》则规定适用按日计罚的环境违法行为种类，既包括排污者未取得（临时）排污许可证排放污染物、未按照（临时）排污许可证规定排放污染物等违法排污行为，也包括建设项目未批先建、未经环保部门同意擅自投入试运行等不一定涉及排污的违法行为。《重庆市环境保护条例》未规定按日连续处罚每日的罚款数额，《深圳经济特区环境保护条例》则明确规定按日计罚的每日罚款额度为一万元。为保证法律的统一适用，维护法律的公平正义，有必要对各地环保部门按日连续处罚的实施加以统一规范。

《办法》共四章二十二条，详细规定了实施按日连续处罚的依据、原则、范围、程序和计罚方式，以及与其他环境保护制度的并用关系。

一是明确了适用按日连续处罚的违法行为种类。《环境保护法》第五十九条第一款确定了按日连续处罚适用于企业事业单位和其他生产经营者“违法排放污染物”的行为。

如何认定违法排放污染物行为，具体包括哪些情形，成为环保部门实施按日连续处罚需要解决的首要问题。我国环保法律法规对企业事业单位和其他生产经营者向环境排放污染物的行为作了很多义务性规定，既有命令性规定，又有禁止性规定。“违法排放污染物”即是违反法律法规规定向环境排放污染物，包含“违法”和“排放污染物”两层含义，却不是二者的简单叠加，而是强调排污行为的违法性，强调此排污行为对环境造成影响这一后果。据此，《办法》列举了四种典型的“违法排放污染物”情形：一是超过国家或者地方规定的污染物排放标准，或者超过重点污染物排放总量控制指标排放污染物；二是通过暗管、渗井、渗坑、灌注或者篡改、伪造监测数据，或者不正常运行防治污染设施等逃避监管的方式排放污染物；三是排放法律、法规规定禁止排放的污染物；四是违法倾倒危险废物。同时，由于“违法排放污染物”情形多而复杂，《办法》规定了“其他违法排放污染物”这一兜底条款。对于其他一些常见的环境违法行为，比如排污单位未按要求进行排污申报或变更申报、拒绝环保部门进行现场检查等，由于不直接涉及“向环境排放污染物”，不直接对环境造成影响，因而未列入“违法排放污染物”情形中。

此外，根据《环境保护法》第五十九条第三款的规定，地方性法规可以根据环境保护的实际需要，增加按日连续处罚的违法行为的种类。即是说，适用按日连续处罚的违法行为种类，并不仅限于“违法排放污染物”的情形，地方性法规可以根据当地环境污染状况的特点和环境保护管理的需要，规定其他环境违法行为适用按日连续处罚。

二是规范了实施按日连续处罚的程序。根据《环境保护法》规定，实施按日连续处罚必须具备四个条件：企业事业单位和其他生产经营者违法排放污染物，受到罚款处罚，被责令改正，拒不改正。这四个条件之间有一定的逻辑关系：只有企业事业单位和其他生产经营者违法排放污染物，才能受到罚款处罚；只有被责令改正，才存在拒不改正的情形。

实施按日连续处罚的程序规定，既要利于达到打击和纠正环境违法行为的目的，又要充分保障执法相对人的合法权益。《办法》设专章用10个条款的内容，详细规定了实施按日连续处罚程序，即初次处罚、责令改正、复查、做出按日连续处罚决定等流程。

在规定责令改正的时限和方式时，为达到及时纠正环境违法行为的目的，《办法》规定环保部门可以当场认定违法排放污染物的，应当在现场调查时即责令排污者立即停止违法排放污染物行为；鉴于超标排污，环保部门需要通过环境监测来认定，《办法》规定，环保部门应当在取得环境监测报告后3个工作日内送达排污者，责令立即停止违法排放污染物行为。

在规定复查期限时，综合考虑复查工作开展的及时性和执法实践的可行性，《办法》规定环保部门应当在送达责令改正违法行为决定书之日起30日内，以暗查方式组织对违法排放污染物行为的改正情况实施复查。

在按日连续处罚的处罚周期中，需要做出两个行政处罚决定。一是初次检查发现违法排放污染物行为所做的处罚决定，即原处罚决定；二是复查发现违法排放污染物行为拒不改正，依法做出的按日连续处罚决定。对于两个处罚决定的前后顺序，《办法》规定按日连续处罚决定应当在原处罚决定之后做出。

三是明确了责令改正的内容和形式。“责令改正”是实施按日连续处罚的必要条件，更是实施过程中承上启下的重要环节。需要对两个方面加以明确：一是责令如何改正，二是如何责令改正，即责令改正的内容和形式。

实施按日连续处罚的目的正是及时纠正环境违法行为，避免违法行为对环境造成更大影响。因而《办法》规定环保部门责令排污者改正违法行为的内容主要是立即停止违法排污行为。

同时，为保障相对人的合法权益，《办法》规定环保部门在责令改正时，应当制作责令改正违法行为决定书，在决定书中载明责令改正的具体内容、拒不改正可能承担按日连续处罚的法律后果，以及申请行政复议或者提起行政诉讼的途径和期限。

四是确定了拒不改正违法排放污染物行为的评判标准。与责令改正的内容相对应，"拒不改正"违法排污行为即是未按要求立即停止违法排污行为。对于"拒不改正"的认定，《办法》规定"环保部门复查发现仍在继续违法排放污染物的"认定为"拒不改正"；鉴于实践中可能存在排污者拒绝、阻挠环保部门复查以避免受到按日连续处罚的情形，《办法》规定"排污者拒绝、阻挠环保部门实施复查的"也认定为"拒不改正"。对于按要求停止违法排污行为的，《办法》规定环保部门复查时发现排污者已经改正违法排放污染物行为或者已经停产、停业、关闭的，不启动按日连续处罚。

五是规定了按日连续处罚的计罚方式。按日连续处罚采取按照违法行为持续的日数，不断累加罚款数额的动态罚款模式。计罚日数和日处罚数额是决定按日连续处罚的关键因素。《办法》根据《环境保护法》第五十九条"按原处罚数额按日连续处罚"的规定，规定按日连续处罚每日的罚款数额，为原处罚决定书确定的罚款数额；按日连续处罚的罚款数额，为原处罚决定书确定的罚款数额乘以计罚日数。对于计罚日数的确定，鉴于"被责令改正"是认定"拒不改正"的前提，《办法》规定按日连续处罚的计罚日数为责令改正违法行为决定书送达排污者之日的次日起，至环保部门复查发现违法排污行为之日止；再次复查仍拒不改正的，计罚日数累计执行。

为充分发挥按日连续处罚督促排污者及时改正环境违法行为的作用，根据过罚相当的原则，《办法》规定按日连续处罚次数不受限制。在排污者被责令改正但拒不改正环境违法行为的情况下，环保部门应当在依法实施按日连续处罚的同时，按照《办法》规定的时限和方式再次责令改正，进入下一个按日连续处罚周期。多次被责令改正但仍拒不改正的，环保部门实施按日连续处罚不受次数限制，直到违法排污行为终止。

六是明确了按日连续处罚制度与其他相关环保制度的并用关系。在符合按日连续处罚适用条件的环境违法行为中，根据《环境保护法》的规定，有些违法行为可以同时适用责令排污者限制生产、停产整治或者采取查封扣押等措施，例如通过逃避监管的方式排放污染物的。对此，《办法》专门对按日连续处罚制度与其他相关环保制度的并用关系进行了说明，规定环境保护主管部门针对违法排放污染物行为实施按日连续处罚的，可以同时适用责令排污者限制生产、停产整治或者采取查封、扣押等措施；因采取上述措施使排污者停止违法排污行为的，不再实施按日连续处罚。责令排污者限制生产、停产整治或者查封、扣押等措施，应当严格按照《环境保护主管部门实施限制生产、停产整治办法》、《环境保护主管部门实施查封、扣押办法》等规定执行。

《办法》执行中应注意：

一是关于对以逃避监管的方式排放污染物的认定。《办法》第五条第二项涉及以逃避监管的方式排放污染物，逃避监管的方式既包括通过暗管、渗井、渗坑、灌注等方式排污或者篡改、伪造监测数据，或者不正常运行防治污染设施，也包括其他未对污染物进行有效处理、逃避监管排入外环境，如将未经有效治理的污水通过“明管”排入外环境、将工业固体废物擅自倾倒在厂区外环境等。其中不正常运行防治污染设施又包含多种情形，如将污染物不经处理设施直接排放、将污染物从处理设施的中间工序引出直接排放等，参考原国家环保总局环发〔2003〕177 号文件的规定。对于以逃避监管的方式排放水污染物的认定，可参考环境保护部环函〔2008〕308 号文件对《水污染防治法》第二十二条第二款“禁止私设暗管或者采取其他规避监管的方式排放污染物”的有关解释。

二是关于原处罚决定对按日连续处罚决定做出时间的限制。环境保护主管部门检查发现排污者违法排放污染物，应当进行调查取证，就检查当日的违法行为，依法做出一个独立的行政处罚决定。排污者拒不改正违法排污行为、环保部门依法实施按日连续处罚的，按日连续处罚的处罚决定书应当在原处罚决定书之后发出，但按日连续处罚告知书不受原处罚决定做出时间的限制，即按日连续处罚告知书可以先于原处罚决定书发出。被处罚单位对原处罚决定提起复议或者诉讼的，按日连续处罚不停止实施，即按日连续处罚决定可以在复议、诉讼结束之前做出。

三是关于排污者对责令改正决定提起复议或者诉讼的处理。《办法》第九条规定排污者对责令改正违法行为决定书可以提起复议或诉讼。排污者提起复议或诉讼的，不影响环保部门对排污者违法行为的改正情况实施复查，但环保部门复查发现排污者未停止违法排污行为的，应当在复议、诉讼结束之后，再决定是否做出按日连续处罚决定。

四是关于多次复查仍拒不改正情形下的计罚日数的累计执行。《办法》第十七条规定再次复查仍拒不改正的，计罚日数累计执行。累计执行是指将责令改正决定书送达之日的次日起至最后一次复查发现排污者拒不改正违法排污行为之日止的日数之和作为计罚日数。若环保部门复查时发现违法排放污染物行为已经改正，不启动按日连续处罚；若在之后的检查中又发现排污者有《办法》第五条规定的情形的，应当重新做出处罚决定，按日连续处罚的计罚周期重新起算。

《环境保护主管部门实施限制生产、停产整治办法》解读

2014年12月19日，国家环境保护部发布了《环境保护主管部门实施限制生产、停产整治办法》(以下简称《办法》)，于2015年1月1日起实施。

一是制定《办法》是环保部门依法行政的需要。《中共中央关于全面推进依法治国若干重大问题的决定》中提出"用严格的法律制度保护生态环境，加快建立有效约束开发行为和促进绿色发展、循环发展、低碳发展的生态文明法律制度，强化生产者环境保护的法律责任，大幅度提高违法成本"，严格的法律制度是各级政府和部门实施各项生态环境保护措施的基本前提和工作框架。新《环境保护法》第六十条规定了环境保护主管部门对超标超总量排污的企业事业单位和其他生产经营者可以责令限制生产、停产整治，这是新《环境保护法》赋予环保部门通过直接限制甚至停止违法排污者生产行为、督促其有效完成污染整治任务的强力执法手段。如何指导各级环保部门在依法行政的前提下运用好这一手段，急需出台相关配套制度来明确各方的权利、义务和责任，尤其是要通过制度来明确、规范环保部门实施限制生产、停产整治的具体行为和工作程序，使各级环保部门能够统一执法尺度，更好地履行法定职责，将新《环境保护法》实施到位。

二是制定《办法》是重拳打击环境违法行为的需要。随着经济社会的发展、公众环境保护意识的增强，各级环保部门环境监管的压力也越来越大。对于一些长期存在超标、超总量排放污染物甚至是有毒污染物等突出环境问题的排污者，环保部门仅靠行政处罚、责令限期改正等行政执法手段已经力有不逮，需要进一步通过限制生产或停产整治的方式，迫使排污者自行整改，制定有针对性的整治方案，优化治污工艺或设备，从根本上解决超标、超总量排污的问题。因此，制定《办法》，可以使环保部门在面临难点焦点问题时，灵活运用责令限制生产、停产整治的手段，有效打击环境违法行为，提高执法效能，推动环境监管工作。

三是制定《办法》是强化排污者环境保护责任的需要。根据国际通行的"污染者负担"原则，排污者是环境保护的直接责任主体，有义务改正其超标、超总

量排放污染物行为，解决存在的环境问题，也有义务向社会公开其治污过程及结果等环境信息。然而，环保部门在执法实践中发现，一些排污者将污染整治当作做环保部门的工作责任，怠于履行义务，消极等待环保部门指令，缺乏“谁污染谁治理”的主体责任意识。因此，有必要制定《办法》，通过条文明确排污者应作为限制生产或停产整治的实施主体，规定其应当承担的各项义务，进一步强化排污者的主体责任。

四是制定《办法》是规范统一相关制度的需要。限制生产、停产整治制度是对原《环境保护法》中限期治理制度的延伸扩展，但由于《水污染防治法》、《大气污染防治法》、《环境噪声污染防治法》等单行法尚未修订，其中对限期治理制度的条件、决定机关、超过限期治理期限的处罚等规定不一致，需要制定专门的配套制度来规范限制生产、停产整治制度的执行，以解决单行法与新《环境保护法》在法律适用上的冲突。此外，由于现有的限期治理程序较为复杂，已不能适应当前环境监管需求，限期治理制度在新《环境保护法》中已逐步淡出，需要制定配套《办法》，使限制生产、停产整治措施更符合环境执法实际需求，具有更强的操作性。

《办法》共分四章二十二条。第一章为总则，规定了立法目的依据、适用范围、信息公开等原则要求；第二章为适用范围，规定了限制生产、停产整治以及报请政府停业关闭的适用情形及例外；第三章为实施程序，规定了限制生产、停产整治的实施及解除、终止等程序，并规定了后督察和跟踪检查；第四章为附则，规定了文本解释及《办法》生效时间。

《办法》主要内容可以分为以下三部分：

一是明确了限制生产、停产整治和报请政府关闭的适用情形。新《环境保护法》第六十条从法律条文来讲，只对超标超总量的企业事业单位和其他生产经营者可以责令限制生产、停产整治，情节严重的报经政府责令停业关闭做出了原则性规定，但从环保部门执法层面而言，必须有明确的适用情形，才能进行合理自由裁量，防止权力滥用。经过广泛调研和多次征集各界意见，《办法》在第二章做出专门规定。

《办法》第五条将限制生产作为对超标、超日最高总量行为的一般性适用条款；第六条则将新《环境保护法》第六十条的规定细化为六种情形，除第六项为兜底条款外，第一项至第五项对因逃避监管行为、排放特殊物质超标，超年总量排污，责令限产后仍超标以及因突发事件超标超总量作了详细、具体的规定，有利于执法人员准确适用；第八条则对新《环境保护法》第六十条的“情节严重”作了一个界定，符合《办法》中所列 4 种情形之一的即属情节严重，由环保部门报经政府责令停业关闭。

二是细化了限制生产、停产整治的实施程序。《办法》第三章将限制生产、停产整治的实施程序规定为调查取证、审批、告知听证、决定、送达等若干步骤，并界定了限制生产、停产整治的解除和终止程序，同时明确了环保部门的后督察和跟踪检查义务。

按照《办法》规定，决定限制生产、停产整治首先应当做好调查取证工作，在取得充分证据能够证明违法行为成立后，书面提交环保部门负责人审批；其次，在做出限制生产、停产整治决定前需要告知排污者，并在其申请听证后组织进行听证；在前述工作基础上方可做出限制生产、停产整治决定并送达排污者。此外，《办法》还列明了解除的条件和终止的情形，更便于环保部门操作。

三是加大限制生产、停产整治的监管力度。为使限制生产、停产整治措施落实到位，加大对排污者履行限制生产、停产整治决定的监督力度，《办法》从两个方面进行规定，加以保障。

一个是后督察。《办法》规定，在排污者被责令限制生产、停产整治后，环保主管部门应当按照相关规定对排污者履行限制生产、停产整治措施的情况实施后督察，并依法进行处理或者处罚。此前环境保护部出台的《环境行政执法后督察办法》中明确了环保主管部门应当在下达行政处罚决定或行政命令后组织实施后督察的时限、程序和方式，《办法》中就没有赘述，直接援引相关规定执行。

另一个是跟踪检查。《办法》规定，排污者解除限制生产、停产整治后，环保主管部门应当在解除之日起 30 日内对排污者进行跟踪检查。若跟踪检查发现其仍有超标超总量排污行为的，则可根据《办法》再次启动限制生产、停产整治程序或者报经政府停业关闭，并依法处罚或处理，对排污者形成威慑，督促其达标及符合总量控制要求排污。

《办法》的主要特点一是严格环境执法与强化企业自律相结合。《办法》最为突出的特点就是根据新《环境保护法》立法精神，将整治超过污染物排放标准或者超过重点污染物排放总量控制指标排放污染物造成环境问题的主体责任落实到排污者，以排污者自律作为限制生产、停产整治实施的基础。具体体现在三个方面：一是整治方案要备案。《办法》第十六条规定，排污者应当在收到限制生产决定书或者责令停产整治决定书后，在15个工作日内将整改方案报做出决定的环境保护主管部门备案并向社会公开。二是整治过程要自测。《办法》规定，被限制生产的排污者在整改期间，要按照环境监测技术规范进行监测或者委托有条件的环境监测机构开展监测，保存监测记录。三是整治责任自己担。《办法》规定，排污者完成整改任务的，应当将整改任务完成情况和整改信息社会公开情况报环保主管部门备案，限制生产、停产整治决定自排污者报环保主管部门备案之日起解除。解除程序的设置进一步强化排污者的主体责任，限制生产、停产整治决定的解除与否不再依赖于环保部门的核查、验收等程序，而是取决于排污者自身，可以极大地调动排污者的整改积极性；同时，排污者备案提交的各类材料主要用于证明其完成整改的事实，因此需要对其所提交资料的真实性负责。若涉嫌提供虚假资料或篡改、伪造监测数据等，排污者需依法承担责任，这样有利于加强排污者自律。

二是加大惩治力度与维护公共利益相结合。《办法》第七条特别规定城镇污水处理、垃圾处理、危险废物处置等公共设施的运营单位，生产经营业务涉及基本民生、公共利益的或实施停产整治可能影响生产安全的排污者，超过污染物排放标准或者超过重点污染物排放总量控制指标排放污染物的，环境保护主管部门应当按照有关环境保护法律法规予以处罚，可以不予实施停产整治。诚然，前述排污者超过污染物排放标准或者超过重点污染物排放总量控制指标排放污染物的行为污染了环境，损害了人民群众的环境权益，应予严肃查处。但如果对前述排污者实施停产整治，将对社会公共安全和利益造成更大的危害。“两害相较取其轻”，从社会公共利益的最大化考虑，《办法》规定了行政处罚力度不变、但酌情可以不实施停产整治的合理措施。

三是加强环境监管与实施信息公开相结合。新《环境保护法》增设了“信息公开和公众参与”专章，《办法》秉承立法原意，在细节规定中处处可见信息公开的踪影。如第四条明确规定了环保部门的信息公开，要求环保部门向社会公开限制生产、停产整治决定，限制生产延期情况和解除限制生产、停产整治的日期等相关信息。第十六条、第十七条则要求排污者将整改方案及整改信息向社会公开。这些规定和要求将使限制生产、停产整治决定更为公开透明，有利于公众参与，并进行监督，从而形成一套政府监管、企业自律、公众监督的管理模式，保障限制生产、停产整治决定的执行到位。

四是规范内部程序与保障相对人合法权利相结合。考虑限制生产、停产整治关系到排污者的重大利益，所以《办法》在环保部门下达决定之前的内部程序设计上体现得非常谨慎、严密，同时充分考虑到保障行政相对人的合法权利。如《办法》规定，环保部门做出限制生产、停产整治决定前，应当书面报经环境保护主管部门负责人批准；案情重大或者社会影响较大的，应当经环境保护主管部门案件审查委员会集体审议决定。此外，应当告知排污者有关事实、依据及其依法享有的陈述、申辩或者要求举行听证的权利。

在具体实施过程中应把握的原则一是严格依法行政。《办法》规定对排污者被责令限制生产后仍然超过污染物排放标准排放污染物的，环保主管部门可以责令其采取停产整治措施；对排污者被责令停产整治后拒不停产或者擅自恢复生产以及停产整治决定解除后，环保部门跟踪检查发现其又实施同一违法行为的，环保部门报经有批准权的人民政府责令停业、关闭。这些规定构建了从下达限制生产、停产整治决定到后督察、跟踪检查以及后续处理的环境监管闭环流程，各级环保部门必须严格按照各阶段程序实施相应行政行为，做到尽职履责。

二是合理自由裁量。各级环保部门在责令排污者限制生产、停产整治时，应处理好限制生产、停产整治与责令改正环境违法行为的行政命令、行政处罚的关系。这三者都是环保部门对超过污染物排放标准或者超过重点污染物排放总量控制指标排放污染物这类环境违法行为采取的行政管理措施，可以并行实施，不相互排斥，也不能相互代替。

责令改正和实施行政处罚是对环境违法行为必须采取的措施，而责令限制生产、停产整治则需根据本办法和实际情况进行合理的自由裁量，在执法实践中灵活运用。实施限制生产、停产整治一般适用于污染较为严重，且需要一定整改期限的污染排污者，对于能够立即改正环境违法行为、完成整治任务的无须同时采取限制生产、停产整治措施。

三是强化信息公开。在要求被责令限制生产、停产整治的排污者公开相关信息的同时，作为承担主要环境监管职责的环保部门也要依据污染源监管信息公开的有关规定，主动公开对排污者的行政处罚和责令改正违法行为情况，责令限制生产、停产整治以及解除限制生产、停产整治情况等环境监管信息，让公众及时了解排污者的整治情况，接受社会监督。

《企业事业单位环境信息公开办法》解读

为贯彻执行新《环境保护法》，指导和监督企业事业单位开展环境信息公开工作，国家环境保护部2014年12月19日发布了《企业事业单位环境信息公开办法》（以下简称《办法》）。

出台背景：环境信息公开，从公开的主体来看，包括政府及其有关部门公开其制作或获取的环境信息，以及企业事业单位公开其在生产经营和管理服务过程中形成的与环境影响有关的信息。企业事业单位实施环境信息公开的主要依据是《清洁生产促进法》第十七条和第三十六条，以及原国家环保总局2008年颁布实施的《环境信息公开办法（试行）》和国家环境保护部2013年印发的《国家重点监控企业自行监测及信息公开办法（试行）》。《环境信息公开办法（试行）》设立了“企业环境信息公开”专章，以鼓励企业自愿公开为主，要求强制公开的企业环境信息非常有限，仅对污染物排放超过国家或者地方排放标准，或是污染物排放总量超过地方人民政府核定的排放总量控制指标的污染严重的企业要求必须公开其环境行为信息；公开内容包括企业名称、地址、法定代表人、主要污染物的名称、排放方式、排放浓度和总量、超标和超总量情况、企业环保设施的建设和运行情况以及环境污染事故应急预案等。《国家重点监控企业自行监测及信息公开办法（试行）》对企业自行监测的内容、频次、保障措施、信息公开等方面进行了明确规定。目前，90%以上的国控企业公布了4项主要污染物的自行监测信息，超过1/3公布了全指标监测数据。

近年来，企业事业单位环境信息公开取得了一定成效，但实施中也存在一些困难和问题。首先就是相关法律制度不健全。《清洁生产促进法》仅对“双超”企业强制公开排污信息提出要求，对于其他重点排污单位但不属于“双超”的企业或不如实公开排污信息的重点排污单位缺乏相应的法律手段。其次，我国社会信用体系建设尚不完善，环境信用体系建设刚起步，部分企业事业单位存在公开的环境信息尤其是排污数据不准确等问题，对环境信息公开不真实、不及时的行为缺乏有效的监督机制。

新《环境保护法》通过专章提出要全面加强信息公开与公众参与，其中第五十五条、第六十二条规定了重点排污单位强制公开环境信息相关要求和责任。出台《办法》对企业事业单位环境信息公开进行进一步明确和细化非常有必要。

一是执行新《环境保护法》等法律法规和政策的客观要求。

二是保障公众依法享有获取环境信息、参与和监督环境保护权利的实际需要。

三是激励企业自觉改进其环境绩效的有效措施。

四是社会信用体系建设的重要组成部分。

《办法》中出现了企业事业单位、重点排污单位、重点排污单位之外的企业事业单位、重点监控企业等概念。

《办法》明确规定，“重点排污单位”是指纳入重点排污单位名录的企业事业单位，由设区的市级人民政府环保主管部门确定，并于每年 3 月底前公开发布。“重点排污单位”包括了设区的市级人民政府环保主管部门确定的重点监控企业。《办法》的第九条、第十条和第十一条分别对重点排污单位的强制性公开内容、方式、时限做出了规定。

对于重点排污单位之外的企业事业单位，属于自愿性公开，《办法》明确规定此类单位参照第九条、第十条和第十一条的规定公开其环境信息，不做强制性规定。

关于“重点排污单位名录”的确定，《办法》对如何确定重点排污单位做出原则性规定，即由设区的市级人民政府环境保护主管部门根据本行政区域的环境容量、重点污染物排放总量控制指标的要求及排污单位排放污染物的种类、数量和浓度等因素，确定本行政区域内重点排污单位名录。同时，明确规定排污量大、关注度高的三种情况应当列入重点排污单位名录，需强制公开环境信息，并设置了兜底项，由设区的市级环境保护主管部门根据区域实际情况确定。具体为：

（1）设区的市级以上人民政府环保主管部门确定为重点监控企业的，属于排污量大。

（2）具有试验、分析、检测等功能的化学、医药、生物类省级重点以上实验室、二级以上医院、污染物集中处置单位等污染物排放行为引起社会广泛关注的，或者可能对环境敏感区造成较大影响的，属于城镇居民高度关注。

（3）3 年内发生较大以上突发环境事件或者因环境污染问题造成重大社会影响的，属于社会关注度高。

（4）其他有必要列入的情形，属于兜底条款，各地结合实际情况确定。

《办法》规定的重点排污单位应当强制公开的环境信息内容具体为：

（1）基础信息，包括单位名称、组织机构代码、法定代表人、生产地址、联系方式，以及生产经营和管理服务的主要内容、产品及规模。

（2）排污信息，包括主要污染物及特征污染物的名称、排放方式、排放口数量和分布情况、排放浓度和总量、超标情况，以及执行的污染物排放标准、核定的排放总量。

（3）防治污染设施的建设和运行情况。

（4）建设项目环境影响评价及其他环境保护行政许可情况。

（5）突发环境事件应急预案。

（6）其他应当公开的环境信息。

列入国家重点监控企业名单的重点排污单位还应当公开其环境自行监测方案。

另外，《办法》还鼓励所有企业事业单位自愿公开有利于保护生态、防治污染、履行社会环境责任的相关信息。

重点排污单位环境信息公开的方式选择上，首先应当考虑便于公众获取信息。《办法》在这方面做了强制性规定，即要求重点排污单位选取在其门户网站、企业事业单位环境信息公开平台或者当地报刊三种公众普及率高、获取信息便捷的方式之一公开其环境信息。

另外，《办法》还建议了其他几种公众认知度和获取信息便捷性相对较高的方式，重点排污单位可根据信息特点，采取其中的一种或几种方式公开其环境信息，具体为：

（1）公告或者公开发行的信息专刊。

（2）广播、电视等新闻媒体。

（3）信息公开服务、监督热线电话。

（4）本单位的资料索取点、信息公开栏、信息亭、电子屏幕、电子触摸屏等场所或者设施。

（5）其他便于公众及时、准确获得信息的方式。

《办法》对重点排污单位环境信息公开和更新时限要求做了强制性规定，即重点排污单位应当在环境保护主管部门公布重点排污单位名录后90日内公开其环境信息。环境信息有新生成或者发生变更的，重点排污单位应当自环境信息生成或者变更之日起30日内予以公开。另外，法律法规对各类环境信息，特别是对特殊企业和一些专项信息可能有其他要求和规定，因此，《办法》注明了法律法规另有规定的，从其规定。

未纳入重点排污单位名录的企业事业单位可以参照《办法》第九条、第十条公开其环境信息，但时间上不作强制性要求。

《环境保护法》第十二条规定了重点排污单位未按规定公开环境信息可处以罚款。《办法》按照部门规章设置处罚的上限，明确了重点排污单位未按规定公开环境信息的法律责任。即纳入重点排污单位名录的企业事业单位违反《办法》规定，有下列行为之一的，由县级以上地方人民政府环保主管部门根据《环境保护法》的规定责令公开，处以3万元以下罚款，并予以公告：

（1）不公开或者不按照本办法第九条规定的内容公开。

（2）不按照本办法第十条规定的方式公开。

（3）不按照本办法第十一条规定的时限公开。

（4）公开内容不真实、弄虚作假的。

另外，一些法律法规对不公开、不如实公开信息等行为需承担的法律责任也有相关规定，如《清洁生产促进法》第三十六条规定了未达到重点污染物排放控制指标的企业未按规定公开其信息可以处10万元以下罚款。因此《办法》载明了“法律法规有规定的，从其规定”。

在推进企业事业单位环境信息公开工作上：

一是明确职责和要求。《办法》明确了各级环保部门的职责和要求。国家环境保护部负责指导、监督全国的企业事业单位环境信息公开工作。县级以上地方环保部门负责指导、监督本行政区域内的企业事业单位环境信息公开工作。《办法》还规定，各级环保部门要建立健全指导监督企业事业单位环境信息公开工作的制度，要指定负责指导监督企业事业单位环境信息公开工作的机构并配备专门的人员，并保障相关经费。

二是积极宣传和指导。各级环保部门要加大《办法》的宣传力度，面向企业事业单位、环保部门和社会公众开展有针对性的宣传，增强企业事业单位对环境信息公开工作重要性的认识，理顺环保部门指导企业事业单位开展环境信息公开工作的机制，增强社会公众参与环境保护监督的能力。要开展面向企业事业单位的专门培训，指导重点排污单位全面履行法定职责，全面如实公开环境信息。探索制定重点排污单位环境信息公开技术指南，进一步规范环境信息公开的内容和格式要求。

三是加强监督和管理。各级环保部门要将对企业事业单位环境信息公开活动的监督检查纳入日常监管执法计划，细化相关的调查取证、立案处罚等工作程序和要求，依法打击重点排污单位不按规定公开环境信息的行为。有条件的环保主管部门可以建设企业事业单位环境信息公开平台。

公众广泛参与是企业事业单位信息公开的基础,《办法》从多方面采取措施，保障公众参与。

第一，引导公众参与企业事业单位环境信息公开。环保部门要加强宣传，引导公众参与环境信息公开，从环境保护与群众切身利益关系着手，调动公众参与企业事业单位信息公开的积极性、主动性。《办法》还明确，环保部门在确定重点排污单位名录后必须通过政府网站、报刊、广播、电视等便于公众知晓的方式予以公布，便于公众参与。

第二，确保公众便捷地获取企业事业单位公开的环境信息。《办法》提出，企业事业单位应当通过便于公众知晓的方式公开环境信息，并且强制规定了企业事业单位必须采取在门户网站、环境信息公开平台或者当地报刊三种最便于公众获取信息的方式之一公开其环境信息。

第三，保障公众对企业事业单位环境信息公开的监督权。《办法》明确，公众可以根据名录向重点排污单位查询相关环境信息，发现重点排污单位未依法公开环境信息的，有权向环保主管部门举报，环保部门对举报情况查实的应按《办法》做出处罚，并且可以结合有奖举报给予一定的奖励。

《企业事业单位突发环境事件应急预案备案管理办法（试行）》解读

2015年1月9日，国家环境保护部印发了《企业事业单位突发环境事件应急预案备案管理办法（试行）》（环发〔2015〕4号）（以下简称《备案管理办法》），自发布之日起施行。《备案管理办法》是一份规范地方环境保护主管部门（以下简称环保部门）对企业事业单位（以下简称企业）突发环境事件应急预案（以下简称环境应急预案）实施备案管理的规范性文件，对企业环境应急预案备案管理的适用范围、基本原则和备案的准备、实施、监督等做出了明确规定。

一、为什么要制定备案管理办法

（一）落实新修订的《环境保护法》的需要

新修订的《环境保护法》第四十七条第三款规定，“企业事业单位应当按照国家有关规定制定突发环境事件应急预案，报环境保护主管部门和有关部门备案”，将环境应急预案的制定和备案确定为企业的法定义务。为贯彻落实《环境保护法》，系统细化、规范企业备案行为和环保部门监管行为，需要制定配套的《备案管理办法》。

（二）落实企业主体责任的需要

企业是制定环境应急预案的责任主体，而环境应急预案是“有生命力的文件”，需要企业通过自身努力，不断修订完善，才能确保切合实际、有效有用。但在实践中，一些企业没有开展必要的风险评估和应急资源调查，只是照搬照抄，或者把编制工作完全交给技术服务机构，编完以后又束之高阁，这与落实企业主体责任的要求不符。也有一些地方环保部门为了保证企业环境应急预案的质量，将备案设置为“非许可类审批”，或者赋予其一些行政许可的色彩，实质上是分担了企业的主体责任。还有一些环保部门对企业环境应急预案着力于“准入”的监管，而对已备案的预案指导和使用不够，管理不到位。这些做法不符合国家“切实防止行政许可事项边减边增、明减暗增，加强和改进事中和事后监管”的行政审批制度改革的精神，需要通过《备案管理办法》予以规范。

（三）环境应急预案管理的实践需要

2010年，国家环境保护部印发《突发环境事件应急预案管理暂行办法》（环发〔2010〕113号）（以下简称《预案暂行办法》）后，各地针对环境应急预案管理进行了很多有益的探索和实践，初步建立了备案制度。但预案备案管理还存在一些问题。一是备案率不高、进展不平衡，已编制环境应急预案的企业，整体备案率不到80%，有的地方仅为38%。二是现场处置预案偏少，可操作性不强。《预案暂行办法》将环境应急预案分为综合预案、专项预案、现场处置预案三类。但只有不到一半的企业编制了现场处置预案，更多企业只有综合预案，内容多是原则性规定。三是属地管理不够、信息收集不全面。《预案暂行办法》将国控污染源设置为省级环保部门备案，是环境应急预案管理开始阶段的“权宜之计”，已难以满足“属地为主”、县级人民政府先期处置的要求。地方在执行时，实行分级备案的占74%。由于没有信息传递要求，一些下级环保部门无法获得企业环境应急预案，不能充分掌握相关信息。四是逐级备案加重了企业负担，26%的地方实行逐级备案，要求企业向多个层级的环保部门备案，不符合中央简政放权的精神。五是分级管理要求差异大。在备案分级管理中，各地存在通过污染物排放量、环评级别、风险级别、跨区域、行业因素、环境敏感程度等进行分级的多种情况，而且有的地方是两级管理，有的地方是三级管理。为解决这些问题，有必要制定《备案管理办法》。

二、制定备案管理办法的主要依据有哪些

《备案管理办法》主要依据《环境保护法》、《突发事件应对法》，以及《海洋环境保护法》、《固体废物污染环境防治法》、《水污染防治法》等法律法规，参考了《石油天然气管道保护法》相关规定，以及国务院办公厅《突发事件应急预案管理办法》（国办发〔2013〕101号）对企业事业单位应急预案管理的要求。

三、备案管理办法主要有哪些内容

《备案管理办法》共五章二十六条，在吸收《预案暂行办法》有关内容、总结近年来工作实践经验的基础上，对五个方面的内容做出了规定。

第一章　总则。对备案管理的目的、概念、范围、原则等一般性内容进行了规定。明确了备案管理遵循规范准备、属地为主、统一备案、分级管理的原则，强调根据环境风险大小实行分级管理，企业主动公开相关环境应急预案信息。

第二章　备案的准备。基于备案需要，对环境应急预案的制定、实施、修订等准备工作进行了规定。强调企业是制定环境应急预案的责任主体，通过成立编制组、开展评估和调查、编制预案、评审和演练、签署发布等步骤制定环境应急预案，并及时修订预案。

第三章　备案的实施。对备案时限、文件、方式、受理部门进行了规定。明确企业在环境应急预案发布后的20个工作日内进行备案以及应提交的备案文件。明确县级环保部门作为主要的备案受理部门，以及备案受理部门的审查处理方式。

第四章　备案的监督。对备案后环保部门的监管和企业、环保部门责任进行了规定。明确环保部门及时将备案的环境应急预案汇总、整理、归档，并通过抽查等方式，指导企业持续改进。还明确了企业和环保部门违反规定应承担的责任。

第五章　附则。与《环境保护法》第四十七条第三款“报环境保护主管部门和有关部门备案”衔接，并说明施行日期。

四、关于几个重点问题的说明

（一）什么是企业环境应急预案

《备案管理办法》第二条指出，环境应急预案是指企业为了在应对各类事故、自然灾害时，采取紧急措施，避免或者最大程度减少污染物或者其他有毒有害物质进入厂界外大气、水体、土壤等环境介质，而预先制定的工作方案。这是首次正式提出企业环境应急预案的概念，以区别于企业生产安全事故等应急预案，便于企业和环保部门的执行和管理。

（二）企业环境应急预案如何定位

企业环境应急预案的重点是现场处置预案，侧重明确现场处置时的工作任务和程序，体现自救互救、信息报告和先期处置的特点。针对是否编制综合预案、专项预案及这些类别的组合方式，《备案管理办法》提出了指导性而非强制性的要求。企业可以根据自身实际自主选择。

建设单位环境应急预案，是针对建设项目投入生产或者使用后可能面临的突发环境事件而制定的预案，不是建设施工期间的预案。试生产期间环境应急预案，是指试生产前编制的包含了针对试生产期间可能面临的突发环境事件而制定的环境应急预案。由于试生产前可能存在环境风险评估、预案编制等难以到位的客观现实，《备案管理办法》规定建设项目试生产期间的环境应急预案“参照”本办法制定和备案；而建设项目试生产与正式生产有差别，建设单位需要根据实际情况，在试生产期间对环境应急预案进行修订，形成适用于正式生产的环境应急预案。

（三）备案的目的是什么

企业环境应急预案备案是不属于行政许可、行政确认的一种行政行为。对于企业而言，备案是为了规范编修、提高质量、履行法定义务。对于环保部门而言，备案是为了收集信息、存档备查、事后管理。

（四）哪些企业需要备案

《备案管理办法》规定了三类企业要进行环境应急预案备案。一是可能发生突发环境事件的污染物排放企业。“可能发生突发环境事件”将产生噪声污染的单位、污染物产生量不大或者危害不大的单位排除，例如餐馆等。由于污水、生活垃圾集中处理设施与一般的排放污染物企业有所区别，在《备案管理办法》中用“污水、生活垃圾集中处理设施的运营企业”予以强调。二是可能非正常排放大量有毒有害物质的企业。结合事件案例，强调了涉及危险化学品、危险废物、尾矿库三类易发、多发突发环境事件的企业。三是其他应当纳入适用范围的企业，这是兜底性条款，给予地方环保部门一定的自主权。为进一步明确适用范围，规定了“省级环境保护主管部门可以根据实际情况，发布应当依法进行环境应急预案备案的企业名录”。

（五）企业如何进行备案准备

《环境保护法》规定，企业应当按照国家有关规定制定突发环境事件应急预案。《备案管理办法》第二章是对这一规定的细化，明确企业在开展环境风险评

估和应急资源调查的基础上，编制环境应急预案，并经过评审和演练后，签署发布环境应急预案。备案准备期间产生的环境风险评估报告、应急资源调查报告、评审意见等是备案的必要文件。

（六）企业环境应急预案何时需要修订

《备案管理办法》规定，企业至少每三年对环境应急预案进行一次回顾性评估。如果企业面临的环境风险、应急管理组织指挥体系与职责、环境应急措施、重要应急资源发生重大变化或实际应对和演练发现问题，以及其他需要修订的情况，要及时修订环境应急预案，修订程序参照制定程序进行。

目前大部分企业已经按照《预案暂行办法》，制定了环境应急预案。《备案管理办法》实施后，地方环保部门要指导企业及时开展评估，修订环境应急预案，修订时执行《备案管理办法》。

（七）企业应该向哪里备案

企业环境应急预案备案实行属地管理、统一备案，备案受理部门为县级环保部门。建设单位也需要向建设项目所在地县级环保部门备案。如果建设项目试生产与正式生产情况基本无变化、环境应急预案无须修订、建设单位在试生产前提交的备案文件齐全，可以视为正式生产前已完成备案。

跨县级以上行政区域企业的环境应急预案，可以分县域或者分管理单元编制环境应急预案，向沿线或者跨域涉及的县级环保部门备案。

确定县级环保部门作为备案受理部门，是《突发事件应对法》、《石油天然气管道保护法》等法律法规的要求，符合环境应急实际和收集信息的需要，符合“省直管县”的行政管理体制改革方向，有助于环境应急预案由过去的“下级抄上级”、由上到下的编制方式，转变为从企业逐步向上延伸、由下到上的编制方式，有助于夯实政府环境应急预案编制基础，有助于推动基层环保部门应急管理能力的提升，也便于企业执行。

考虑到有的县级环保部门能力不足、难以满足备案需要等客观现实，个别地方具有较成熟的市级备案管理经验，《备案管理办法》还规定“省级环境保护主管部门可以根据实际情况，将备案受理部门统一调整到市级环境保护主管部门”，给予地方环保部门一定的自主权。

（八）企业如何进行备案

企业首次备案时，在签署发布环境应急预案之日起20个工作日内，将环境应急预案备案表、环境应急预案及编制说明、环境风险评估报告、环境应急资源调查报告、环境应急预案评审意见等五份文件提交给备案受理部门。企业收到受理部门签章的环境应急预案备案表，则完成了首次备案。

当企业对环境应急预案进行重大修订时，也应当在修订内容发布之日起20个工作日内向原受理部门变更备案。变更备案不需要提交首次备案要求提交的全部备案文件，只需提交修订的文件。个别内容调整的，不需要变更备案，只需要以文件形式告知原受理部门即可。

（九）受理部门如何进行受理

受理部门在收到企业提交的备案文件后，5个工作日内进行核对。文件齐全的，出具加盖行政机关印章的突发环境事件应急预案备案表。受理部门就完成了对环境应急预案的备案。

受理部门对备案文件的核对，只是形式审查，审查备案文件是否齐全，不对这些文件的内容进行实质审查。

除了在备案受理部门办公场所“当面受理”备案的方式外，结合当前有些地方开展的网上备案实践，为减轻企业负担、适应工作要求，《备案管理办法》对通过信函、电子数据交换等备案方式提出了原则性要求。地方环保部门可以结合实际，开展电子备案、信函备案等相关工作。

（十）备案后环保部门如何进行监督

环保部门对企业备案的监督，主要包括汇总、指导、责任倒查三种方式。汇总、整理、归档并建立数据库，主要是为了收集整理信息，夯实政府预案基础。备案指导是基于提高企业环境应急预案质量对环保部门提出的要求，包括采取档案检查、实地核查等方式个别重点指导，以及汇总分析抽查结果进行整体指导，时间节点在备案后。责任倒查是突发环境事件发生后，环保部门将环境应急预案的制定、备案、日常管理及实施情况纳入事件调查处理范围。《备案管理办法》

还对备案信息公开进行了规定，要求备案受理部门及时公布备案企业名单，企业主动公开环境应急预案相关信息。

环保部门的监督，按照企业环境风险大小实施分级管理。《备案管理办法》规定，县级环保部门在5个工作日内将较大以上环境风险企业的备案文件报送市级环保部门，重大以上报送省级环保部门。省级、市级环保部门根据掌握的备案文件实施重点监管。

针对企业环境风险评估与分级，国家环境保护部出台了《企业突发环境事件风险评估技术指南（试行）》（环办〔2014〕34号），给出了环境风险评估的一般性方法，涵盖了大部分易发、多发、突发环境事件的企业。目前，国家环境保护部还将出台企业突发环境事件环境风险等级划分方法标准，进一步加强企业环境风险分级的技术指导。实践中，一些地方也制定实施了企业环境风险管理方面的文件，对企业事业单位实行风险分级管理。《备案管理办法》也规定，县级以上地方环保部门可以参考有关突发环境事件风险评估标准或指导性技术文件，结合实际指导企业确定环境风险等级。

（十一）企业违反备案管理办法需要承担什么责任

为了督促企业规范制定环境应急预案并备案，对于企业不制定、不备案，或者提供虚假文件备案的行为，由县级以上环保部门责令限期改正，并依据《海洋环境保护法》、《固体废物污染环境防治法》、《水污染防治法》等法律法规以及国家环境保护部制定的规章等，给予罚款等处罚。

（十二）环保部门违反备案管理办法等相关规定需要承担什么责任

为了规范环保部门及其工作人员备案管理行为，对于可能出现的不备案、乱备案、不告知等违法违纪行为进行了列举，明确责任界限。

（十三）备案制度如何与其他管理制度衔接

备案与其他环境管理制度的衔接，在一些规章、规范性文件中已有体现。如危险化学品环境管理登记办法（试行）》（环境保护部令　第22号）第九条规定，危险化学品生产使用企业申请办理危险化学品生产使用环境管理登记时，应当提交突发环境事件应急预案；《废弃危险化学品污染防治办法》（国家环境保护

总局令　第27号）第十九条规定，产生、收集、贮存、运输、利用、处置废弃危险化学品的单位，应当制定废弃危险化学品突发环境事件应急预案，报县级以上环境保护部门备案；《新化学物质环境管理办法》（环境保护部令　第7号）第三十一条规定，常规申报的登记证持有人和相应的加工使用者，应当制定应急预案和应急处置措施；《关于进一步加强环境影响评价管理防范环境风险的通知》（环发〔2012〕77号）要求，相关建设项目申请试生产时，应提交企业突发环境事件应急预案的备案材料。未来还可以在其他文件中进一步强化。

（十四）今后企业环境应急预案的管理如何进一步深化

《备案管理办法》是企业环境应急预案管理的纲领性文件。今后环保部门主要通过备案这一抓手实现对企业环境应急预案的指导与管理。由于环境应急预案的制定与实施涉及技术内容多，为不断提高预案管理水平，国家环境保护部将陆续出台重点行业预案编修指南、应急资源调查指南、演练指南等配套文件。各地也可以根据实际，出台有关实施细则和指导性文件，不断提高管理水平，推动企业持续改进预案。

《国家突发环境事件应急预案》解读

为适应新形势下突发环境事件应急工作需要，经国务院同意，国务院办公厅于 2014 年 12 月 29 日正式印发了修订后的《国家突发环境事件应急预案》（以下简称新《预案》）。

新《预案》依据 2014 年修订的《环境保护法》和《突发事件应对法》等法律法规，总结了近年来突发环境事件应对工作的实践经验，从我国国情和现实发展阶段出发，重点在突发环境事件的定义和预案适用范围、应急指挥体系、监测预警和信息报告机制、事件分级及其响应机制、应急响应措施等方面做了调整，较之 2005 年印发的原《预案》结构更加合理，内容更加精炼，定位更加准确，层级设计更加清晰，职责分工更加明确，“环境”特点更加突出，应急响应流程更加顺畅，指导性、针对性和可操作性也更强了。

一、修订背景

适应环境应急管理工作新形势、新任务、新要求。

原《预案》印发时，《突发事件应对法》尚未颁布。近 10 年来，国家根据突发事件应对和环境保护的需要，先后出台了《突发事件应对法》（2007 年）、修订了《水污染防治法》（2008 年）和《环境保护法》（2014 年），发布了《国务院关于全面加强应急管理工作的意见》（2006 年）、《国务院关于加强环境保护重点工作的意见》（2011 年）、《突发事件应急预案管理办法》（2013 年）等法规和文件。原《预案》印发时，突发环境事件的主管部门是国家环保总局。2008 年机构改革，原国家环保总局升格为国家环境保护部，成为国务院的组成部门。

特别是近 10 年来突发环境事件应对工作的实践，和人民群众不断增长的对环境安全的要求，使原《预案》在突发环境事件的定义、预案适用范围、应急指挥体系、应急响应措施等方面暴露出一些问题和不足，迫切需要对原《预案》进行修订，以适应环境应急管理工作面临的新形势、新任务和新要求。

二、修订主要内容

必要时可越级上报累积性污染纳入范畴

新《预案》由七章和两个附件组成，分别为总则、组织指挥体系、监测预警和信息报告、应急响应、后期工作、应急保障、附则，将原《预案》中篇幅较大且相对独立的突发环境事件分级标准和国家环境应急指挥部组成及工作组职责调整为两个附件。

（一）突发环境事件

突发环境事件的定义增加了新内涵。

新《预案》对突发环境事件重新定义，即“突发环境事件是指由于污染物排放或自然灾害、生产安全事故等因素，导致污染物或放射性物质等有毒有害物质进入大气、水体、土壤等环境介质，突然造成或可能造成环境质量下降，危及公众身体健康和财产安全，或造成生态环境破坏，或造成重大社会影响，需要采取紧急措施予以应对的事件，主要包括大气污染、水体污染、土壤污染等突发性环境污染事件和辐射污染事件”。

这一定义有几个新亮点：一是增加了突发环境事件原因的描述和界定，列举了引发和次生突发环境事件的情形。这有助于增强各级政府及其有关部门和企业的环境意识，适应应急管理工作从单项向综合转变的发展态势，在应对事故灾难和自然灾害时，要尽可能减少对环境的损害，防范次生突发环境事件。二是在定义中明确“突然造成或可能造成”，这里既包括了“突然爆发”，也包括了“突然发现”。将突发性污染和一些累积性污染都纳入突发环境事件的范畴，体现了国家对环境安全的底线思维，有利于最大限度地减少事件的环境影响。

（二）预案适用范围更加明确

新《预案》规定：“本预案适用于我国境内突发环境事件的应对工作。”这与原《预案》只强调国家层面介入应对的表述有较大调整，体现了国家专项预案的政策性和对地方的指导性。

同时新《预案》还明确规定，“核设施及有关核活动发生的核事故所造成的辐射污染事件、海上溢油事件、船舶污染事件的应对工作按照其他相关应急预案

规定执行。重污染天气应对工作按照国务院《大气污染防治行动计划》等有关规定执行。”

（三）应急组织体系更加完善

新《预案》强调“坚持统一领导、分级负责，属地为主、协调联动，快速反应、科学处置，资源共享、保障有力的原则”。明确突发环境事件应对工作的责任主体是县级以上地方人民政府。“突发环境事件发生后，地方人民政府和有关部门立即自动按照职责分工和相关预案开展应急处置工作。”

国家层面主要是负责应对重特大突发环境事件，跨省级行政区域突发环境事件和省级人民政府提出请求的突发环境事件。国家层面应对工作分为国家环境保护部、国务院工作组和国家环境应急指挥部三个层次，这样规定是近10年来重特大突发环境事件应对实践的总结和固化。如2005年发生的松花江水污染特别重大突发环境事件，国务院成立了应急指挥部统一领导、组织和指挥应急处置工作。一些敏感的重大环境事件，如2009年年底中国石油兰郑长管线柴油泄漏事件、2012年年初广西龙江河镉污染事件等，则根据国务院领导同志指示，成立了由国家环境保护部等相关部门组成的国务院工作组，负责指导、协调、督促有关地区和部门开展突发环境事件应对工作。其他重特大突发环境事件国家层面的应对则多是由国家环境保护部负责的。与之相配套，国家环境保护部于2013年印发的《环境保护部突发环境事件应急响应工作办法》，对部门工作组的响应分级、响应方式、响应程序、工作内容进行了系统规定。

新《预案》还强调，应急指挥部的成立由负责处置的主体来决定，即“负责突发环境事件应急处置的人民政府根据需要成立现场指挥部，负责现场组织指挥工作。参与现场处置的有关单位和人员要服从现场指挥部的统一指挥”。这就使国家和地方的事权更加清晰，便于有效开展应对工作。

（四）事件分级标准更加完善

新《预案》从人员伤亡、经济损失、生态环境破坏、辐射污染和社会影响等方面对事件分级标准进行了比较系统的完善，修订内容如下：一是在较大级别中增加了“因环境污染造成乡镇集中式饮用水水源地取水中断”的规定；比照伤亡人数、疏散人数、经济损失、跨界影响等因素，增加了一般事件分级具体指标。二是强调了环境污染与后果之间的关系。强调了“因环境污染”直接导致的人员伤亡、疏散和转移，从而与因生产安全事故和交通事故等致人伤亡的情形区别开来。三是提高了经济损失标准。将特别重大级别中由于环境污染造成直接经济损失的额度由原来的1000万元调整至1亿元，其他级别中因环境污染造成直接经济损失的额度也做了相应调整。四是辐射方面的分级标准进一步调整和规范。五是在特别重大级别中增加了“造成重大跨国境影响的境内突发环境事件”。

（五）预警行动和应急响应更加具体

新《预案》对“预警行动”进行了细化，将其划分为分析研判、防范处置、应急准备和舆论引导等。同时，明确“预警级别的具体划分标准，由环境保护部制定”。“响应措施”分别为现场污染处置、转移安置人员、医学救援、应急监测、市场监管和调控、信息发布和舆论引导、维护社会稳定、国际通报和援助等，具有较强的指导性。

新《预案》规定，“突发环境事件发生在易造成重大影响的地区或重要时段时，可适当提高响应级别。应急响应启动后，可视事件损失情况及其发展趋势调整响应级别，避免响应不足或响应过度。”这个应急响应级别灵活调整和响应适度的原则完全符合《突发事件应对法》的规定，即“有关人民政府及其部门采取的应对突发事件的措施，应当与突发事件可能造成的社会危害的性质、程度和范围相适应；有多种措施可供选择的，应当选择有利于最大限度地保护公民、法人和其他组织权益的措施”。

（六）信息报告和通报进一步强化

新《预案》强调，“突发环境事件发生后，涉事企业事业单位或其他生产经营者必须采取应对措施，并立即向当地环境保护主管部门和相关部门报告，同时通报可能受到污染危害的单位和居民。因生产安全事故导致突发环境事件的，安全监管等有关部门应当及时通报同级环境保护主管部门。环境保护主管部门通过互联网信息监测、环境污染举报热线等多种渠道，加强对突发环境事件的信息收集，及时掌握突发环境事件发生情况。”明确了信息报告与通报的实施主体、职责分工和程序，强调了跨省级行政区域和向国务院报告的突发环境事件信息处理原则和主要情形。新《预案》还规定，“地方各级人民政府及其环境保护主管部门应当按照有关规定逐级上报，必要时可越级上报。”

（七）后期工作明确具体

新《预案》将后期处置工作分为损害评估、事件调查、善后处置三部分内容，规定“突发环境事件应急响应终止后，要及时组织开展污染损害评估，并将评估结果向社会公布。评估结论作为事件调查处理、损害赔偿、环境修复和生态恢复重建的重要依据。突发环境事件损害评估办法由环境保护部制定”。“突发环境事件发生后，根据有关规定，由环境保护主管部门牵头，可会同监察机关及相关部门，组织开展事件调查，查明事件原因和性质，提出防范整改措施和处理建议。”近年来，国家环境保护部制修订了《突发环境事件应急处置阶段污染损害评估工作程序规定》、《环境损害评估推荐方法（第二版）》、《突发环境事件应急处置阶段污染损害评估推荐方法》、《突发环境事件调查处理办法》、《关于环境污染责任保险工作的指导意见》等，可结合新《预案》一并贯彻。

实践证明，损害评估是对人民群众负责的具体体现，事件调查是提高应急管理水平和能力的重要举措。把应对突发事件实践中的经验教训总结、凝练，通过制度和预案进一步确定下来，以应对那些不确定的突发事件，这是应急管理工作中非常重要的方法和宝贵经验。

后　记

本书紧紧围绕“风险”这个核心，从体系建设、风险管控、重点监管三个层面，回答了9个问题，力图使读者对风险管理有一个全方位认知，并了解掌握科学有效的方法和工具，知行合一，将安全管理、安全文化提升到一个更高层次。

有一个观点是发现问题比解决问题更难。在风险管理中，不怕存在风险，就怕不能发现风险。每一起安全生产事故在发生前的一定时期甚至很长时期内肯定都存在着安全风险。我们就是要在问题刚刚暴露、风险刚刚出现的时候就进行整改，这样难度最小、困难最少、成本也最低。这是一种“防火墙”式的预警机制。

是的，安全管理是有层次的，隐患、风险、危机、事故，管理越靠前，层次就越高。实践证明，那种被动应对危机事故的管理方式，跳不出“出事—处理—再出事—再处理”的死循环，理应予以摒弃，取而代之的是隐患识别、风险管理，将防线提前、提前、再提前。

人是一切生产活动的主体，顶在最前面的防线其实是人的意识。从这个意义上说，风险管理的首要环节，是全员全过程的风险意识教育，使员工知其然并知其所以然，再加上制度规范、硬件保障，才能最终实现本质安全、长治久安。

本书凝聚了多位常年从事安全管理工作人员和专家的智慧心血，衷心感谢中国石油天然气集团公司办公厅督办处石继宁副处长、中国石油天然气集团公司政研室调研二处宋明信处长和徐凤生同志、东方地球物理勘探有限责任公司党群处韩学雷副处长、中国石油宁夏石化公司企业文化处马丽副处长、安全环保技术研究院《石油安全》杂志荆展平编辑在本书审稿过程中给予的帮助和支持！感谢石油工业出版社等同仁为本书出版发行付出的心血和努力！

在本书即将付梓之际，我们深深地感受到，如果没有各位领导的大力支持与编写组全体人员的无私奉献，是难以成书的。希望这些从实践中来的知识技能，再通过广大劳动者回到实践中去，并创造出更多更好的经验，为中国石油稳健发展贡献一份力量！

编　者

2015年12月